新版电工实用技术

新版电工维修
——从诊断到排除

君兰工作室　编
黄海平　审校

科学出版社
北京

内 容 简 介

　　本书主要介绍维修电工应该掌握的基本技能和电气设备故障诊断与排除方法。本书将电工技术人员必须掌握的维修技能精炼出来,试图于细微深处,以朴实、易懂的方式介绍维修电工的知识,让读者一看就懂、即学即用。

　　本书主要内容包括维修电工常用的工具与仪表、维修电工基本操作方法、室内线路与照明装置的故障检修、电动机的故障检修、常用机床控制电路的故障检修等。

　　本书内容实用性强,图文并茂,具有一定的指导性和参考性。

　　本书适合作为各级院校电工、电子及相关专业师生的参考用书,同时可供广大电工技术人员、初级电工参考阅读。

图书在版编目(CIP)数据

　　新版电工维修:从诊断到排除/君兰工作室编;黄海平审校.
—北京:科学出版社,2014.5
　　(新版电工实用技术)
　　ISBN　978-7-03-039690-7

　　Ⅰ.新…　Ⅱ.①君…②黄…　Ⅲ.电工-维修-基本知识　Ⅳ.TM07

中国版本图书馆 CIP 数据核字(2014)第 019972 号

责任编辑:孙力维　杨　凯/责任制作:魏　谨
责任印制:赵德静/封面设计:东方云飞
北京东方科龙图文有限公司　制作
http://www.okbook.com.cn

科 学 出 版 社 出版
北京东黄城根北街 16 号
邮政编码:100717
http://www.sciencep.com
新科印刷有限公司　印刷
科学出版社发行　各地新华书店经销

*

2014 年 5 月第　一　版　　开本:A5(890×1240)
2014 年 5 月第一次印刷　　印张:10 1/2
印数:1—4 000　　　　　　字数:320 000

定　价:36.00 元
(如有印装质量问题,我社负责调换)

前　言

2008 年我们出版了"电工电子实用技术"丛书,一经推出便得到了广大读者的欢迎,其实用的内容、图解的风格、简洁的语言都使得这本书深受广大电工技术人员的喜爱,获得了很好的销量。

随着社会的快速发展,电气化程度的日益提高,对电工技术人员维修技能的要求也在不断增加。为了更好地适应现代电工的技术要求,满足新晋电工技术人员学习实用维修技术的愿望,总结几年来读者的反馈信息,我们推出了"新版电工实用技术"丛书。其中,《新版电工维修——从诊断到排除》一书坚持第一版图书内容实用、高度图解的风格,我们根据当前就业形势的需求,充分结合目前电工技术人员工作的实际情况,对内容进行了重新整理和更新,使得本书内容更加适应当前电工技术人员的工作实际情况。

本书共 11 章,主要内容包括维修电工常用的工具与仪表、维修电工基本操作方法、室内线路与照明装置的故障检修、电动机的故障检修、常用机床控制电路的故障检修等。

读者通过学习本书,不仅能够掌握电工维修的基本知识,还能够掌握多种电工常用工具与仪表的使用方法,电动机、变压器等的故障检修方法,以及多种电工常用电路的故障检修方法。本书适合作为各级院校电工、电子及相关专业师生的参考用书,同时可供广大电工技术人员、初级电工参考阅读。

本书参加编写的人员还有黄鑫、李燕、王文婷、张杨、刘彦爱、高惠瑾、凌万泉、李渝陵、朱雷雷、凌珍泉、贾贵超、刘守真、张从知、凌玉泉、谭亚林、邢军、李霞,在此一并表示感谢。

由于作者水平所限,书中难免出现错误和疏漏,敬请广大读者批评指正。

编　者

目　录

第 1 章　维修电工常用工具与仪表

第 2 章 维修电工基本操作技能

第 3 章　室内线路与照明装置故障检修

第 6 章　电动机的维护与检修

第 7 章　常用电动机控制电路维修

第 8 章　常用机床控制电路维修

第 9 章　变压器故障检修

第 10 章　维修电工常用接线

第 11 章　维修电工诊断故障方法与步骤

第1章

维修电工常用工具与仪表

1.1　常用工具

1.1.1　低压验电笔

低压验电笔是用来检测低压导体和电气设备外壳是否带电的常用工具,检测电压的范围通常为 60～500V。低压验电笔的外形通常有钢笔式和螺丝刀式两种,如图 1.1 所示。

(a) 钢笔式验电笔　　　　　　　　(b) 螺丝刀式验电笔

图 1.1　低压验电笔

使用低压验电笔时,必须按图 1.2 所示的方法握笔,以手指触及笔尾的金属体,使氖管小窗背光朝自己。当用验电笔测带电体时,电流经带电体、电笔、人体、大地形成回路,只要带电体与大地之间的电位差超过 60V,电笔中的氖泡就发光。电压高发光强,电压低发光弱。使用低压验电笔应注意以下事项:

①　低压验电笔使用前,应先在确定有电处测试,证明验电笔确实良好后方可使用。

②　验电时,一般用右手握住验电笔,此时人体的任何部位切勿触及周围的金属带电物体。

③　验电笔顶端金属部分不能同时搭在两根导线上,以免造成相间短路。

④　对于螺丝刀式低压验电笔,其前端应加护套,只能露出 10mm 左右的一截作测试用。若不加护套,易引起被测试相线之间或相线对地短路。

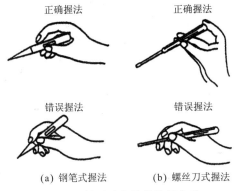

图 1.2　低压验电笔的使用方法

　　⑤ 普通低压验电笔的电压测量范围在 60～500V 之间,切勿用普通验电笔测试超过 500V 的电压。

　　⑥ 如果验电笔需在明亮的光线下或阳光下测试带电体时,应当避光检测,以防光线太强不易观察到氖泡是否发亮,造成误判。

　　低压验电笔除能测量物体是否带电外,还能帮助人们做一些其他的测量:

　　① 判断感应电。用一般验电笔测量较长的三相线路时,即使三相交流电源缺一相,也很难判断出是哪一根电源缺相(原因是线路较长,并行的线与线之间有线间电容存在,使得缺相的某根导线产生感应电,致使验电笔氖管发亮)。此时,可在验电笔的氖管上并接一只 1500p 的小电容(耐压应大于 250V),这样在测带电线路时,电笔可照常发光;如果测得的是感应电,电笔就不亮或微亮,据此可判断出所测的电源是否为感应电。

　　② 判别交流电源同相或异相。两只手各持一支验电笔,站在绝缘物体上,把两支笔同时触及待测的两条导线,如果两支验电笔的氖管均不太亮,则表明两条导线是同相电,若两只验电笔的氖管发出很亮的光,说明两条导线是异相。

　　③ 区别交流电与直流电。交流电通过验电笔时,氖管中两极会同时发亮;而直流电通过时,氖管只有一个极发亮。

　　④ 判别直流电的正负极。把验电笔跨接在直流电的正负极之间,氖管发亮的一头是负极,不亮的一头是正极。

　　⑤ 判断物体是否产生静电。手持验电笔在某物体周围测量,如果氖管发亮,说明该物体上已带有静电。

⑥ 判断相线碰壳。用验电笔触及电动机、变压器等电气设备外壳，若氖管发亮，说明该设备相线有碰壳现象。

⑦ 判断电气接触是否良好。测试过程中，若氖管光源闪烁，表明某线头松动，接触不良或电压不稳定。

1.1.2　高压验电笔

高压验电笔又称高压测电器、高压测电棒，是用来检查高压电气设备、架空线路和电力电缆等是否带电的工具。10kV 高压验电笔由金属钩、氖管、氖管窗、固定螺钉、护环和握柄等部分组成，如图 1.3 所示。

图 1.3　10kV 高压验电笔

高压验电笔在使用时，应特别注意手握部位不得超过护环，如图 1.4 所示。

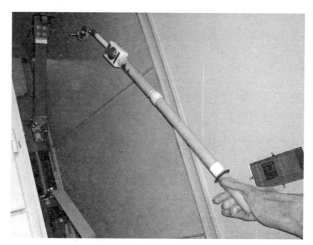

图 1.4　高压验电笔握法

使用高压验电笔验电应注意以下事项：

① 使用之前，应先在确定有电处试测，只有证明验电笔确实良好，才可使用，并注意验电笔的额定电压与被检验电气设备的电压等级要相适应。

② 使用时，应使验电笔逐渐靠近被测带电体，直至氖管发光。只有在氖管不亮时，它才可与被测物体直接接触。

③ 在室外使用高压验电笔时,必须在气候条件良好的情况下才能使用;在雨、雪、雾天和湿度较高时,禁止使用。

④ 测试时,操作人员必须戴上符合耐压要求的绝缘手套,不可一个人单独测试,身旁应有人监护。测试时要防止发生相间或对地短路事故。人体与带电体应保持足够距离,10kV 高压的安全距离应在 0.7m 以上。

⑤ 对验电笔每半年进行一次发光和耐压试验,凡试验不合格者不能继续使用,试验合格者应贴合格标记。

1.1.3 螺丝刀

螺丝刀又称旋凿、改锥、起子等,是一种手用工具,主要用来旋动(紧固或拆卸)头部带一字槽或十字槽的螺钉、木螺钉,其头部形状分一字形和十字形,柄部由木材或塑料制成。常用的螺丝刀如图 1.5 所示。

使用螺丝刀时应注意以下事项:

① 必须使用带绝缘手柄的螺丝刀。

② 使用螺丝刀紧固或拆卸带电的螺钉时,手不得触及螺丝刀的金属杆,以免发生触电事故。

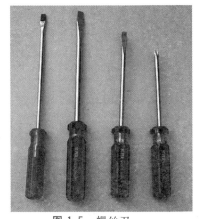

图 1.5 螺丝刀

③ 为了防止螺丝刀的金属杆触及皮肤或触及邻近带电体,应在金属杆上套装绝缘管。

④ 使用时应注意选择与螺钉顶槽相同且大小规格相应的螺丝刀。

⑤ 切勿将螺丝刀当做錾子使用,以免损坏螺丝刀手柄或刀刃。

1.1.4 钢丝钳

钢丝钳又称电工钳、克丝钳,由钳头和钳柄两部分组成,钳头由钳口、齿口、刀口和铡口四部分组成。图 1.6 所示是钢丝钳的外形。钢丝钳有裸柄和绝缘柄两种,电工应选用带绝缘柄的,且耐压应为 500V 以上。

使用钢丝钳时应注意以下事项:

① 使用前,必须检查绝缘柄的绝缘是否良好,以免在带电作业时发

生触电事故。

②剪切带电导线时,不得用刀口同时剪切相线和零线,或同时剪切两根相线,以免发生短路事故。

③用钢丝钳剪切绷紧的导线时,要做好防止断线弹伤人或设备的安全措施。

④要保持钢丝钳清洁,带电操作时,手与钢丝钳的金属部分要保持2cm 以上的距离。

⑤带电作业时钢丝钳只适用于低压线路。

1.1.5　尖嘴钳

尖嘴钳的头部尖细,适用于在狭小的工作空间操作。尖嘴钳有裸柄和绝缘柄两种,绝缘柄的耐压为 500V,电工应选用带绝缘柄的。尖嘴钳外形如图 1.7 所示。

图 1.6　钢丝钳　　　　　　　　　图 1.7　尖嘴钳

尖嘴钳能夹持较小螺钉、垫圈、导线等元件,带有刀口的尖嘴钳能剪断细小金属丝。在连接控制线路时,尖嘴钳能将单股导线弯成需要的各种形状。

使用尖嘴钳时应注意以下事项:

①不允许用尖嘴钳装卸螺母、夹持较粗的硬金属导线及其他硬物。

②塑料手柄破损后严禁带电操作。

③尖嘴钳头部是经过淬火处理的,不要在锡锅或高温条件下使用。

1.1.6　管子割刀

管子割刀是切割管子用的一种工具,如图 1.8 所示。

用管子割刀割断的管子切口比较整齐,割断速度也比较快。在使用时应注意以下事项:

①切割管子时,管子应夹持牢固,割刀片和滚轮与管子垂直,以防割刀片刀刃崩裂。

② 刀片沿圆周运动进行切割,每次进刀不要用力过猛,初割时进刀量可稍大些,以便割出较深的刀槽,以后每次进刀量应逐渐减少。边切割边调整刀片,使割痕逐渐加深,直至切断为止。

图 1.8　管子割刀

③ 使用时,管子割刀各活动部分和被割管子表面均需加少量润滑油,以减少摩擦。

1.1.7　管子钳

管子钳又称管子扳手,是供安装和修理时夹持和旋动各种管子和管路附件用的一种手用工具。常用规格有 250mm、300mm 和 350mm 等多种。使用方法类同活扳手,其外形如图 1.9 所示。使用管子钳时应注意以下事项:

图 1.9　管子钳

① 根据安装或修理的管子,选用不同规格的管子钳。

② 用管子钳夹持并旋动管子时,施力方向应正确,以免损坏活络扳唇。

③ 不能用管子钳敲击物体,以免损坏。

1.2　常用量具

1.2.1　千分尺

千分尺可用来测量漆包线的外径。它的精确度很高,一般可精确到 0.01mm。千分尺由砧座、测微杆、棘轮杆、刻度盘、微分筒、固定套筒等组成,如图 1.10 所示。

千分尺的使用方法:将被测的漆包线拉直后放在千分尺砧座和测微杆之间,然后调整微螺杆,使之刚好夹住漆包线(图 1.11),此时,就可以进行读数了。读数时,应先看千分尺上的整数读数,再看千分尺上的小数读数,二者相加即为铜漆包线的直径尺寸。千分尺整数刻度一般每格为 1mm,旋转小数刻度一般每格为 0.01mm。

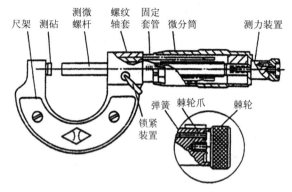

图 1.10　千分尺

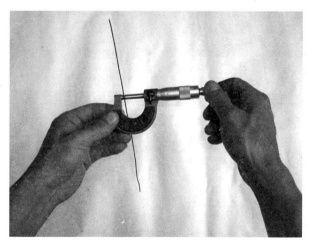

图 1.11　用千分尺测量漆包线直径

1.2.2　游标卡尺

游标卡尺是一种中等精度的量具,可以直接测量出工件的内外尺寸,其基本构造如图 1.12 所示。

使用游标卡尺时,应先校准零位。测量工件外径时的操作如图 1.13(a)所示,测量工件内径时的操作如图 1.13(b)所示。

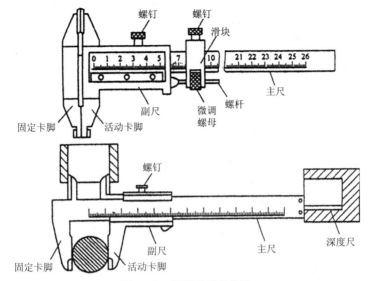

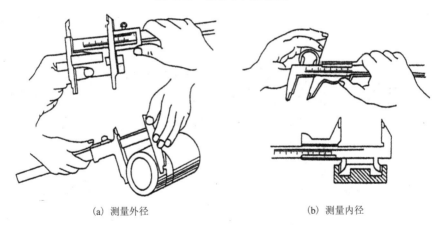

图 1.12　游标卡尺的构造

(a) 测量外径　　　　　　　　　　(b) 测量内径

图 1.13　用游标卡尺测量工件

游标卡尺读数分三步进行：

① 读整数：在主尺上,与副尺零线相对的主尺上左边的第一条刻线是整数的毫米值。

② 读小数：在副尺上找出哪一条刻线与主尺刻度对齐,从副尺上读出毫米的小数值。

③ 将上述两数值相加,即为游标卡尺测量的尺寸。

1.2.3　量角器

常用的量角器是角度规,用它来划角度线或测量角度。量角器的外形及操作示意如图 1.14 所示。

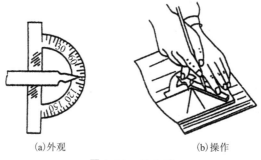

(a)外观　　　　　　　　　　　(b)操作

图 1.14　量角器

1.2.4　塞　尺

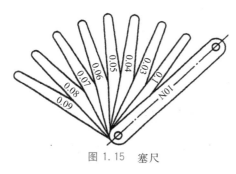

图 1.15　塞尺

塞尺又称测微片或厚薄规,由许多不同厚度的薄钢片组成,如图 1.15 所示。塞尺长度有 50mm、100mm、200mm 等多种规格。塞尺是用来测量两个零件相配合表面间的间隙的,使用时把塞尺插入两零件间,正好插入该间隙的塞尺上面所标的尺寸就是间隙。

1.2.5　水平仪

水平仪分为条形水平仪和框式水平仪两种,如图 1.16 所示。水平仪的精度,用气泡每偏移一格,被测表面在 1m 内的倾斜高度差表示。如精度值为 0.02mm/m 的水平仪,表示气泡每移动一格,被测长度为 1m 的工件两端的高低差为 0.02mm。

 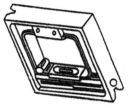

(a) 条形水平仪   (b) 框式水平仪

图 1.16 水平仪

1.3 常用仪表

1.3.1 万用表

万用表又称万能表,是一种能测量多种电量的多功能仪表,其主要功能是测量电阻、直流电压、交流电压、直流电流以及晶体三极管的有关参数等。万用表具有用途广泛、操作简单、携带方便、价格低廉等优点,特别适用于检查线路和修理电气设备。

1. 指针式万用表的使用方法

图 1.17 所示是 500 型万用表的外形,下面以 500 型万用表为例来说明指针式万用表的使用方法。

① 使用前的检查和调整。检查红色和黑色测试棒是否分别插入红色插孔(或标有"＋"号)和黑色插孔(或标有"－"号)并接触紧密,引线、笔杆、插头等处有无破损露铜现象。如有问题应立即解决,否则不能保证使用过程中的人身安全。观察万用表指针是否停在左边零位线上,如不指在零位线时,应调整中间的机械零位调节器,使指针指在零位线上。

图 1.17 500 型万用表

② 用转换开关正确选择测量种类和量程。根据被测对象,首先选择测量种类。严禁当转换开关置于电流挡或电阻挡时去测量电压,否则将损坏万用表。测量种类选择妥当后,再选择量程。测量电压、电流时应使指针偏转在标度尺的中间附近,读数较为准确。若预先不知被测量的大小范围,为避免量程选得过小而损坏万用表,应选择该种类的最大量程进行预测,然后再选择合适的量程。

③ 正确读数。万用表的标度盘上有多条标度尺,它们代表不同的测量种类。测量时应根据转换开关所选择的种类及量程,在对应的标度尺上读数,并应注意所选择的量程与标度尺上读数的倍率关系。另外,读数时,眼睛应垂直于表面观察表盘。如果视线不垂直,将会产生视差,使得读数出现误差。为了消除视差,MF47 等型号万用表在表面的标度盘上都装有反光镜,读数时,应移动视线使表针与反光镜中的表针镜像重合,这时的读数无视差。

④ 电阻的测量。

· 应在被测电阻应不带电的情况下进行测量,防止损坏万用表。被测电路不能有并联支路,否则会影响测量精度。

· 根据预估的被测电阻值选择电阻量程开关的倍率,应使被测电阻接近该挡的欧姆中心值,并将交、直流电压量程开关置于"Ω"挡。

图 1.18　进行欧姆调零

· 测量以前,先进行"调零"。如图 1.18 所示,将两表笔短接,此时表针会很快指向电阻的零位附近,若旋钮表针未停在电阻零位上,则旋动下面的"Ω"钮,使其刚好停在零位上。若旋钮调到底也不能使指针停在电阻零位上,则说明表内的电池电压不足,应更换新电池后再重新调节。测量中每次更换挡位后,均应重新校零。

· 测量不在电路中的电阻时,将两表笔(不分正、负)分别接被测电阻的两端,万用表即指示出被测电阻的阻值。测量电路板上的电阻时,应将被测电阻的一端从电路板上焊开,然后再进行测量,否则由于电路中其他元器件的影响,测得的电阻误差将很大。测量高值电阻时,手不要接触表笔和被测物的引线。

· 将读数乘以电阻量程开关所指倍率,即为被测电阻的阻值。

· 测量完毕后,应将交、直流电压量程开关旋到交流电压最高量程上,防止转换开关放在欧姆挡时表笔短路,长期消耗电量。

⑤ 测量交流电压。

· 将选择开关转到"V"挡的最高量程,或根据被测电压的预估数值选择适当量程。

· 测量 1000～2500V 的高压时,应采用专测高压的高级绝缘表笔和引线,将测量选择开关置于"1000V"挡,并将红表笔改插入"2500V"专用插孔。测量时,不要两只手同时拿两支表笔,必要时使用绝缘手套和绝缘垫;表笔插头与插孔应紧密配合,防止测量中突然脱出后触及人体,使人触电。

· 测量交流电压时,把表笔并联于被测的电路上。转换量程时不要带电。

· 测量交流电压时,一般不需分清被测电压的火线和零线端的顺序,但已知火线和零线时,最好用红表笔接火线,黑表笔接零线,如图1.19所示。

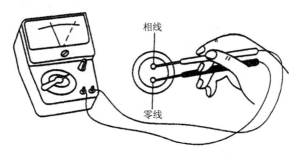

图 1.19　用指针式万用表测量交流电压

⑥ 测量直流电压。

· 将红表笔插在"＋"插孔,去测电路"＋"正极;将黑表笔插在"＊"插孔,去测电路"－"负极。

· 将万用表的选择量程开关置于"V"挡的最大量程,或根据被测电压的预估数值,选择合适的量程。

· 如果指针反偏,则说明表笔所接极性反了,应尽快更正过来重测。

⑦ 测量直流电流。

• 将选择量程开关转到"mA"挡的最高量程,或根据被测电流的预估数值,选择适当的量程。

• 将被测电路断开,留出两个测量接触点。将红表笔与电路正极相接,黑表笔与电路负极相接。改变量程,直到指针指向刻度盘的中间位置。不要带电转换量程,如图1.20所示。

• 测量完毕后,应将选择量程开关转到交流电压最高量程上。

2. 数字式万用表的使用方法

数字式万用表以其测量精度高、显示直观、速度快、功能全、可靠性好、小巧轻便、省电及便于操作等优点,受到使用者的普遍欢迎。图1.21所示是DT9205型数字式万用表的外形图。

图 1.20 用指针式万用表测量直流电流

图 1.21 DT9205 型数字式万用表

① 当万用表出现显示不准或显示值跳变等异常情况时,可先检查表内9V电池是否失效,若电池良好,则表内电路有故障,应检修。

② 直流电压的测量。将量程开关有黑线的一端拨至"DC V"范围内的适当量程挡,黑表笔接入"COM"插口,红表笔插入"V·Ω"插口。将电源开关拨至"ON",红表笔接触被测电压的正极,黑表笔接负极,显示屏上便显示测量值。如果显示是"1",则说明量程选得太小,应将量程开关向较大一级电压挡拨;如果显示的是一个负数,则说明表笔插反了,应更正过来。量程开关置于"×200m"挡,显示值以"mV"为单位,其余四挡以"V"为单位。

③ 交流电压的测量。将量程开关拨至"AC V"范围内适当量程挡,

表笔接法同上,其测量方法与测量直流电压相同。

④ 直流电流的测量。将量程开关拨至"DC A"范围内适当的量程挡,黑表笔插入"COM"插孔,红表笔根据预估的被测电流值插入相应的"mA"或"10A"插口,使仪表与被测电路串联,注意表笔的极性,接通表内电源,显示器便显示直流电流值。显示器显示的数值,其单位与量程开关拨至的相应挡的单位有关。若量程开关置于"200m"、"20m"、"2m"三挡时,则显示值以"mA"为单位;若置于"200μ"挡,则显示值以"μA"为单位;若置于"10A"挡,显示值以"A"为单位。

⑤ 交流电流的测量。将量程开关拨到"AC A"范围内适当的量程挡,黑表笔插入"COM"插孔,红表笔也按量程不同插入"mA"或"10A"插口,仪表与被测电路串联,表笔不分正负,显示器便显示交流电流值,如图 1.22 所示。

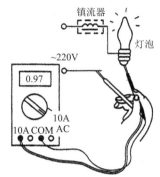

图 1.22 用数字式万用表测量交流电流

⑥ 电阻的测量。将量程开关拨到"Ω"范围内适当的量程挡,红表笔插入"V·Ω"插口,黑表笔插入"COM"插孔,两表笔分别接触电阻两端,显示器便显示电阻值。量程开关置于"20M"或"2M"挡,显示值以"MΩ"为单位,"200"挡显示值以"Ω"为单位,"2k"挡显示值以"kΩ"为单位。需要指出的是不可带电测量电阻。

⑦ 线路通、断的检查。将量程开关拨至蜂鸣器挡,红黑表笔分别插入"V·Ω"和"COM"插口。若被测线路电阻低于"20Ω",蜂鸣器发出叫声,则说明线路接通。反之,表示线路不通或接触不良。注意,被测线路在测量之前应关断电源。

⑧ 二极管的测量。将量程开关拨至二极管符号挡,红表笔插入"V·Ω"插孔,黑表笔插入"COM"插口,将表笔接至二极管两端。数字式万用表显示的是二极管的压降。正常情况下,正向测量时,锗管应显示0.150~0.300V,硅管应显示0.550~0.700V,反向测量时为溢出"1"。

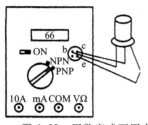

图 1.23　用数字式万用表
　　　测量晶体管 h_{FE}

若正反测量均显示"000",说明二极管短路;正向测量显示溢出"1",说明二极管开路。

⑨ 晶体管 h_{FE} 的测量。根据晶体管的类型,把量程开关拨到"PNP"或"NPN"挡,将被测管子的 e、b、c 极分别插入 h_{FE} 插口对应的孔内,显示器便显示管子的 h_{FE} 值,如图 1.23 所示。

3. 模拟万用表的常见故障及检修方法

模拟万用表的常见故障及检修方法见表 1.1。

表 1.1　模拟万用表的常见故障及检修方法

故障现象	产生原因	检修方法
万用表指针摆动不正常,时摆时阻	① 机械平衡不好,指针与外壳玻璃或表盘相摩擦 ② 表头线断开或分流电阻断开 ③ 游丝绞住或游丝不规则 ④ 支撑部位卡死	① 打开表壳,用小镊子和螺丝刀整修机械摆动部位,使指针摆动灵活 ② 重新焊接表头线,分流电阻断开时重新连接,烧断时要换同型号的分流电阻 ③ 用镊子重新调整游丝外形,使其外环圈圆滑,布局均匀 ④ 整修支撑部位
万用表电阻挡无指示	① 电池无电或接触不良 ② 调整电位器中心焊接点引线断开或电位器接触不良 ③ 转换开关触点接触不良或引线断开	① 重新装配万用表电池,或更换新电池 ② 重新焊接连线,并调整电位器中心触点使其与电阻丝接触良好 ③ 擦净触点油污,并修整触点。如果焊接连接线断开,要重新焊接
万用表电阻挡在表笔短路时,指针调整不到零位,或指针来回摆动不稳	① 电池电能即将耗尽 ② 串联电阻值变大 ③ 表笔与万用表插头处接触不良 ④ 转换开关接触不良 ⑤ 调零电位器接触不良	① 更换同型号新电池 ② 更换串联电阻 ③ 调整插座弹片,使其接触良好,并去掉表笔插头及插座上的氧化层 ④ 用酒精清洗万用表转换开关接触触头,并校正动触点与静触片的接触距离 ⑤ 用镊子把调零电位器中间的动触点往下压些,使其与静触点电阻丝接触良好

故障现象	产生原因	检修方法
万用表电阻挡量程不通或误差太大	① 串联电阻断开或烧断或电阻值变化 ② 转换开关接触不良 ③ 该挡分流电阻断路或短路 ④ 电池电量不足	① 更换同样阻值的电阻 ② 用酒精擦洗并修理接触不良处 ③ 更换该挡分流电阻 ④ 更换同型号的新电池
万用表直流电压挡在测量时不指示电压	① 测电压部分开关公用焊接线脱焊 ② 转换开关接触不良 ③ 表笔插头与万用表接触不良 ④ 最小量程挡附加电阻断线	① 重新焊接测电压部分脱焊的连接线 ② 用酒精擦净转换开关油污并调整转换开关接触压力 ③ 修整表笔插头与插座的接触处使其接触良好 ④ 焊接附加电阻连接线
万用表直流电压挡,某量程不通或某量程测量误差大	① 转换开关接触不良,或该挡附加电阻脱焊烧断 ② 某量程附加电阻值变化使其测量不准	① 修整转换开关触点,并重新焊接或更换该量程的附加串联电阻 ② 更换某量程的附加串联电阻
万用表直流电流挡不指示电流	① 转换开关接触不良 ② 表笔与万用表有接触不良处 ③ 表头串联电阻损坏或脱焊 ④ 表头线圈脱焊或线圈断路	① 打开万用表修理转换开关 ② 修理表笔与万用表接触处,使其紧密配合 ③ 更换表头串联电阻或焊接脱焊处 ④ 焊接表头线圈,使其重新接通,若表头线圈损坏则应更换
万用表直流电流挡各挡测量值偏高或偏低	① 表头串联电阻值变大或变小 ② 分流电阻值变大或变小 ③ 表头灵敏度降低	① 更换串联电阻 ② 更换分流电阻 ③ 根据具体情况处理。若游丝绞住要重新修好,表头线圈损坏要更换
万用表交流电压挡指针轻微摆动指示差别太大	① 万用表插头与插座处接触不良 ② 转换开关触点接触不良 ③ 整流全桥或整流二极管短路、断路	① 修理万用表插头与万用表插座处,使其接触良好 ② 检修转换开关 ③ 更换短路或断路的二极管或全桥块

1.3.2　钳形电流表

钳形电流表是一种可以在不断开电路的情况下测量电流的专用工具。钳形电流表主要由一只电流互感器和一只电磁式电流表组成,如图1.24 所示。电流互感器的一次线圈为被测导线,二次线圈与电流表相连接,电流互感器的变比可以通过旋钮来调节,量程从 1A 至几千 A。测量时,按动扳手,打开钳口,将被测载流导线置于钳口中。当被测导线中有交变电流通过时,在电流互感器的铁心中便有交变磁通通过,互感器的二次线圈中感应出电流。该电流通过电流表的线圈,使指针发生偏转,在表盘标度尺上指出被测电流值。

1. 钳形电流表使用注意事项

① 测量前,应检查仪表指针是否在零位。若不在零位,则应调到零位。同时应对被测电流进行预估,选择适当的量程。如果被测电流无法预估,则应先把钳形电流表置于最高挡,逐渐下调切换,直至指针停在刻度的中间段为止。

② 应注意钳形电流表的电压等级,不得将低压表用于测量高压电路的电流,以免发生事故。

③ 进行测量时,被测导线应置于钳口中央,如图 1.25 所示。 钳口两

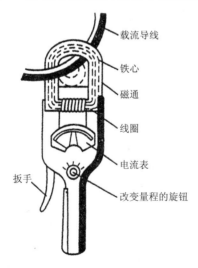

载流导线

铁心

磁通

线圈

电流表

扳手

改变量程的旋钮

图 1.24　钳形电流表

图 1.25　用钳形电流表测量电流

个面应接合良好,若发现有振动或碰撞声,应将仪表扳手转动几下,或重新开合一次。钳口有污垢,可用汽油擦净。

④ 测量大电流后,如果立即测量小电流,应开合钳口数次,以消除铁心中的剩磁。

⑤ 在测量过程中不得切换量程,以免造成二次回路瞬间开路,感应出高电压而击穿绝缘。必须变换量程时,应先将钳口打开。

⑥ 在读数困难的场所测量时,可先用制动器锁住指针,然后到读数方便的地点读取数值。

⑦ 若被测导线为裸导线,则必须事先将邻近各相用绝缘板隔离,以免钳口张开时出现相间短路。

⑧ 测量 5A 以下电流时,为获得准确的读数,可将导线多绕几圈放进钳口进行测量,实际的电流数值为读数除以放进钳口内的导线根数。

⑨ 测量时,如果附近有其他载流导线,所测值会受载流导体的影响产生误差。此时,应将钳口置于远离其他导体的一侧。

⑩ 每次测量后,应把调节电流量程的切换开关置于最高挡位,以免下次使用时因未选择量程就进行测量而损坏仪表。

⑪ 有电压测量挡的钳形电流表,电流和电压要分开测量,不得同时测量。

⑫ 测量时,操作人员应戴绝缘手套,站在绝缘垫上。读数时要注意安全,切勿触及其他带电部分。

2. 钳形电流表的常见故障及检修方法

钳形电流表的常见故障及检修方法见表 1.2。

1.3.3 兆欧表

兆欧表俗称摇表,是一种专门用来测量电气设备及电路绝缘电阻的便携式仪表。它主要由手摇直流发电机、磁电式比率表和测量线路组成,其外形如图 1.26 所示。

值得一提的是兆欧表测得的是在额定电压作用下的绝缘电阻阻值。万

图 1.26 兆欧表

表 1.2 钳形电流表的常见故障及检修方法

故障现象	产生原因	检修方法
钳形电流表测量不准	① 钳形电流表的挡位选择不正确 ② 钳形电流表表针未调零 ③ 钳形电流表所卡测的电源线未放入卡钳中央或卡口处有污垢 ④ 钳形电流表受强磁场影响	① 正确选择挡位。换挡时,要将被测导线置于钳形电流表卡口之外 ② 调整表头上的调零螺钉使表针指向零位 ③ 测量时,将一根电源线放在卡口中央位置,然后松手使钳口密合好。如果钳口接触不好,应检查弹簧是否损坏或有污垢,如有污垢,用布清除后再测量 ④ 尽量远离强磁场
钳形电流表不能测量较小的电流	① 钳形电流表挡位设置少 ② 钳形电流表内部某只整流二极管损坏	① 可将被测导线在钳形电流表口内绕几圈,然后去读数。线路中实际的电流值应为仪表读数除以导线上在表口上绕的匝数 ② 更换同型号的二极管

用表虽然也能测得数千欧的绝缘阻值,但它所测得的绝缘阻值,只能作为参考,因为万用表所使用的电池电压较低,绝缘物质在电压较低时不易击穿,而一般被测量的电气设备,均要接在较高的工作电压上,为此,只能采用兆欧表来测量。一般还规定在测量额定电压在 500V 以上的电气设备的绝缘电阻时,必须选用 1000～2500V 兆欧表。测量额定电压 500V 以下的电气设备时,则以选用 500V 摇表为宜。

1. 指针式兆欧表的使用方法及注意事项

① 测量前,应切断被测设备的电源,并进行充分放电(约需 2～3min),以确保人身和设备安全。

② 将兆欧表放置平稳,并远离带电导体和磁场,以免影响测量的准确度。

③ 正确选择其电压和测量范围。应根据被测电气设备的额定电压选用兆欧表的电压等级:一般测量 50V 以下的电气设备绝缘电阻,可选用 250V 兆欧表;测量 50～380V 的电气设备绝缘电阻,可选用 500V 兆欧表。测量 500V 以下的电气设备,兆欧表应选用读数从零开始的,否则不易测量。

④ 对有可能感应出高电压的设备,应采取必要的措施。

⑤ 测量前,对兆欧表进行一次开路和短路试验,以检查兆欧表是否良好。试验时,先将兆欧表"线路(L)"、"接地(E)"两端开路,摇动手柄,指针应指在"∞"位置;再将两端短接,缓慢摇动手柄,指针应指在"0"处。否则,表明兆欧表有故障,应进行检修。

⑥ 兆欧表接线柱与被测设备之间的连接导线,不可使用双股绝缘线、平行线或绞线,而应选用绝缘良好的单股铜线,并且两条测量导线要分开连接,以免因绞线绝缘不良而引起测量误差。

⑦ 兆欧表上有分别标有"接地(E)"、"线路(L)"和"保护环(G)"的三个端。测量线路对地的绝缘电阻时,将被测线路接于 L 端上,E 端与地线相接,如图 1.27(a)所示;测量电动机定子绕组与机壳间的绝缘电阻时,将定子绕组接在 L 端上,机壳与 E 端连接,如图 1.27(b)所示;测量电动机或电器的相间绝缘电阻时,L 端和 E 端分别与两部分接线端子相接,如图 1.27(c)所示;测量电缆芯线对电缆绝缘保护层的绝缘电阻时,将 L 端与电缆芯线连接,E 端与电缆绝缘保护层外表面连接,将电缆内层绝缘层表面接于保护环端 G 上,如图 1.27(d)所示。

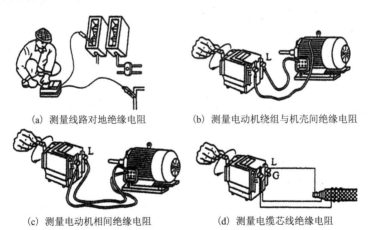

(a) 测量线路对地绝缘电阻 (b) 测量电动机绕组与机壳间绝缘电阻

(c) 测量电动机相间绝缘电阻 (d) 测量电缆芯线绝缘电阻

图 1.27 兆欧表测量绝缘电阻的接线

⑧ 测量时,摇动手柄的速度由慢逐渐加快,并保持在 120r/min 左右的转速 1min 左右,这时读数才是准确的结果。如果被测设备短路,指针指零,应立即停止摇动手柄,以防表内线圈发热损坏。

⑨ 测量电容器、较长的电缆等设备的绝缘电阻后,应将线路 L 的连接线断开,以免被测设备向兆欧表倒充电而损坏仪表。

⑩ 测量完毕后,在手柄未完全停止转动和被测对象没有放电之前,切不可用手触及被测对象的测量部分和进行拆线,以免触电。被测设备放电的方法是:用导线将被测点与地(或设备外壳)短接2～3min。

⑪ 同杆架设的双回路架空线和双母线,当一路带电时,不得测试另一路的绝缘电阻,以防感应高压危害人身安全和损坏仪表。

⑫ 禁止在有雷电时或在高压设备附近使用兆欧表。

2. 兆欧表的常见故障及检修方法

兆欧表的常见故障及检修方法见表1.3。

表1.3　兆欧表的常见故障及检修方法

故障现象	可能原因	检修方法
指针不指零位	① 电流回路电阻变化,即电阻增大,指针不到零位,阻值减小,指针超过零位	① 调整电流回路电阻
	② 电压回路电阻变化,即电阻值增大,指针超过零位,阻值减小,指针不到零位	② 调整电压回路电阻
	③ 导流丝变质或变形	③ 修理或更换导流丝
	④ 电流线圈或零点平衡线圈短路或断路	④ 重绕电流线圈或零点平衡线圈
当∞与0调好之后,其余各刻度点的误差较大	① 轴尖、轴座偏斜,造成动圈在磁极间的相对位置改变	① 重新装正轴尖
	② 两线圈间的夹角改变	② 调整两组线圈,应有角度,如5050型为50°(以两线圈框中心线计算)
	③ 指针与线圈间的夹角改变	③ 调整指针与两线圈角度(如5050型指针与小线框夹角30°,指针与大线框夹角20°)
	④ 机械平衡不好	④ 调整可动部分平衡
	⑤ 导流丝形状改变	⑤ 修理或配换导流丝
	⑥ 电压或电流回路电阻值变化	⑥ 调换两回路电阻
指针不能转动或转动时有卡住现象	① 仪表可动线圈框架内部铁心松动,造成铁心与线圈相碰	① 固定铁心螺钉
	② 线圈内部的铁心与极掌之间有铁屑、灰尘等杂物	② 拆下表头内部,进行清洗,去除铁屑等杂物
	③ 由于导流丝变形,在线圈转动时,导流丝与某些固定部分相碰	③ 修理或更换导流丝
	④ 线圈本身变形,或上下轴尖位置有变动,造成线圈与铁心、极掌相碰	④ 重整线圈和丝框
	⑤ 支撑线圈的上、下轴尖松动或脱落	⑤ 调整上、下轴尖,固定好宝石螺钉

故障现象	可能原因	检修方法
	⑥ 表盘有细毛和指针相碰,线圈和铁心极掌间有细毛	⑥ 拆下表头,去除铁心间和表盘上的细毛
指针超过∞位置	① 有无穷大平衡线圈的摇表可能线圈短路或断路 ② 电压回路电阻变小 ③ 导流丝变形,残余力矩比原来小	① 重绕无穷大平衡线圈 ② 调换电压回路电阻 ③ 修理或更换导流丝
指针指不到∞位置	① 导流丝变质、变形、残余力矩变大 ② 发电机电压不足 ③ 电压回路的电阻变质、数值增高 ④ 电压线圈间短路或断线	① 修理或更换导流丝 ② 修理发电机 ③ 更换回路电阻 ④ 重绕电压线圈
测量开路或短路时,指针位置不能指一定值	① 轴尖磨损 ② 轴承碎裂	① 用油石修磨 ② 更换轴承
摇表可动部分平衡不好	① 指针不直 ② 指针位置与线框夹角改变 ③ 平衡锤夹角改变 ④ 平衡锤上螺钉松动,位置改变 ⑤ 仪表在潮湿空气中,平衡锤吸湿后增加重量 ⑥ 宝石轴承松动,造成轴尖距离大,中心位置偏移	① 校正指针 ② 纠正指针与线框夹角 ③ 纠正平衡锤夹角 ④ 重调平衡,固紧螺钉 ⑤ 烘干、重调平衡 ⑥ 调整宝石轴承螺钉,减少间隙距离
变差大	① 轴尖有污物或磨损 ② 轴承有污物或磨损	① 清洗或更换 ② 清洗或更换
摇发电机产生抖动	① 发电机转子不平衡 ② 发电机转轴不直	① 把转子放在平衡架工具上调整平衡 ② 把转轴校直
发电机不发电或电压很低	① 绕组断路或其中一个绕组断线 ② 线路接头断线 ③ 碳刷接触不好,没有接触或碳刷磨损	① 重新绕线圈 ② 检查线路,把断线处重新焊牢 ③ 更换碳刷,或调整碳刷与整流环的接触面
发电机电压比额定电压低(但相差不大)	① 碳刷接触不好 ② 调节器接点松动,转速不够 ③ 磁钢需要充磁	① 调整碳刷位置,并使碳刷接触好 ② 调整调速螺钉使弹簧拉紧 ③ 磁钢充磁

续表 1.3

故障现象	可能原因	检修方法
发电机电压低,摇动摇柄很重	① 发电机整流环片间有污物,有磨损碳粒或铜屑形成短路 ② 整流环击穿短路 ③ 转子线圈短路 ④ 发电机并联电容击穿 ⑤ 内部线路短路	① 把转子拆下,用竹片在片间清洗或用汽油清洗 ② 修理或更换整流环 ③ 重绕转子线圈 ④ 更换电容 ⑤ 消除线路短路处
发电机电压不稳	① 调速器装置上螺钉松弛,调速轮摩擦点接触不紧 ② 调速器上螺钉失灵	① 固牢调速器装置上的螺钉,使调速器接点与摩擦轮良好接触 ② 更换弹簧
摇发电机打滑,电压发不出	① 偏心轮固定螺钉松动 ② 调速器弹簧弹性失灵	① 调整好偏心轮位置,与各齿轮啮合好,再固紧偏心轮上的螺钉 ② 用尖嘴钳转动调速器螺母,拉紧弹簧,使摩擦点压紧摩擦轮
摇发电机时,碳刷声音响,有火花发生	① 碳刷与整流环磨损,表面不平滑,接触不好 ② 碳刷位置偏移,与整流环接触不在正中	① 更换碳刷;整流环磨损,可用细砂纸磨光,并用汽油清洗 ② 调整碳刷位置,使其在整流环正中,并使其接触好
摇发电机摇不动,有卡碰现象或摇时很重	① 发电机转子与磁轭相碰 ② 各增速齿轮啮合不好或损坏 ③ 滚珠轴承脏,润滑油干涸,轴承偏斜 ④ 小机盖固定螺钉松动,使转子滚珠轴承上盖位置不正 ⑤ 转轴在轴承中,间隙距离过小 ⑥ 转轴弯曲	① 拆下发电机进行检查,重新装配 ② 调整齿轮位置,啮合好,尤其是偏心轮位置,损坏时更换 ③ 拆下转轴,在轴承中用汽油清洗重新上润滑油 ④ 调整小机盖位置,固定螺钉 ⑤ 调整间隙至适当 ⑥ 整直
漏电	① 内部布线碰表壳(尤其是发电机弹簧引出线碰壳) ② 受潮,绝缘不好	① 检查线路,消除碰壳现象 ② 烘干

3. 数字兆欧表

数字兆欧表采用 $3\frac{1}{2}$ 位 LCD 显示器显示,测试电压由直流电压变换器将 9V 直流电压变成 250V/500V/1000V 直流,并采用数字电桥进行高阻测量。具有量程宽、读数直观、携带使用方便、整机性能稳定等优点,适用于各种电气绝缘电阻的测量。图 1.28 所示是数字兆欧表的面板图。

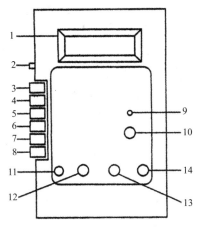

1—LCD
2—电源开关（自锁式电源开关）
3、4、5—量程选择开关（0.001～20.00MΩ）
6、7、8—电压选择开关（250V/500V/1000V）
9—高压指示（LED显示）
10—自复式测试按键（PUSH）
11—G屏蔽端，测电缆时接保护环电极
12—L线路端，按被测对象线路端
13、14—E1/E2接地端，接被测对象的地端

图 1.28　数字兆欧表

· 数字兆欧表的使用方法

① 将电源开关打开,显示器高位显示"1"。

② 根据测量需要选择相应的量程,并按下（0.01MΩ～20.00MΩ/0.1MΩ～200.0MΩ/0MΩ～2000MΩ）。

③ 根据测量需要选择相应的测试电压,并按下（250V/500V/1000V）。

④ 将被测对象的电极接入兆欧表相应的插孔,测试电缆时,插孔 G 接保护环。

⑤ 将输入线"L"接至被测对象线路端,要求"L"引线尽量悬空,"E1"或"E2"接至被测对象地端。

⑥ 按下测试按键"PUSH"（此时高压指示 LED 点亮）进行测试,当显示值稳定后即可读数,读值完毕后松开"PUSH"按键。

⑦ 如显示器最高位仅显示"1",表示超量程,需要换至高量程挡,当量程按键已处在 0～2000MΩ 挡时,则表示绝缘电阻已超过 2000MΩ。

· 数字兆欧表使用注意事项

① 测试前应检查被测对象是否完全脱离电网供电,并应短路放电,证明被测对象不存在电力危险才进行操作,以保障测试操作安全。

② 测试时,不允许手持测试端,以保证读数准确和人身安全。

③ 测试时如显示读数不稳,有可能是环境干扰或绝缘材料不稳定的影响,此时将"G"端接到被测对象屏蔽端,可使读数稳定。

④ 电池电量不足时 LCD 显示器上有欠压符号"LOBAT"显示,请及时更换电池,长期存放时应取出电池,以免电池漏液损坏仪表。

⑤ 由于仪表具有自动关机功能,如在测试过程中遇到仪表自动关机时,则需关闭电源开关,重新打开开关,即可恢复测试。

⑥ 空载时,如有数字显示,属正常现象,不会影响测试。

⑦ 为保证测试安全和减少干扰,测试线采用硅橡胶材料,请勿随意更换。

⑧ 仪表请勿置于高温、潮湿环境,以延长使用寿命。

第 2 章

维修电工基本操作技能

2.1 导线绝缘层的剖削

● 2.1.1 塑料硬线绝缘层的剖削

芯线截面为 $4mm^2$ 及以下的塑料硬线,其绝缘层用钢丝钳剖削,具体操作方法是:根据所需线头长度,用钳头刀口轻切绝缘层(不要切到芯线),然后用右手握住钳头用力向外勒去绝缘层,同时左手握紧导线反向用力配合动作,如图2.1所示。

芯线截面大于 $4mm^2$ 的塑料硬线,可用电工刀来剖削其绝缘层,方法如下:根据所需的长度用电工刀以 $45°$ 角斜切入塑料绝缘层,如图 2.2(a)所示;接着刀面与芯线保持 $15°$ 角左右,用力向线端推削,不可切到芯线,削去上面一层塑料绝缘层,如图 2.2(b)所示;将下面的塑料绝缘层向后扳翻,最后用电工刀齐根切去,如图2.2(c)所示。

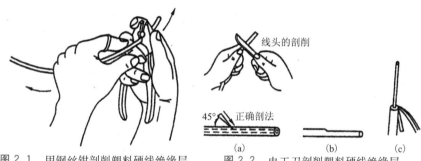

图 2.1　用钢丝钳剖削塑料硬线绝缘层　　图 2.2　电工刀剖削塑料硬线绝缘层

● 2.1.2 皮线线头绝缘层的剖削

皮线线头绝缘层的剖削方法如下:

在皮线线头的最外层用电工刀割破一圈,如图 2.3(a)所示;削去一条保护层,如图 2.3(b)所示;将剩下的保护层剥去,如图 2.3(c)所示;露出橡胶绝缘层,如图 2.3(d)所示;在距离保护层约 10mm 处,用电工刀以 $45°$ 角斜切入橡胶绝缘层,并按塑料硬线的剖削方法剥去橡胶绝缘层,如图 2.3(e)所示。

2.1.3 花线线头绝缘层的剖削

花线线头绝缘层的剖削方法如下：

① 花线最外层棉纱织物保护层的剖削方法和里面橡胶绝缘层的剖削方法类似皮线线端的剖削。由于花线最外层的棉纱织物较软,可用电工刀将四周切割一圈后用力将棉纱织物拉去,如图2.4(a)、(b)所示。

② 在距棉纱织物保护层末端10mm处,用钢丝钳刀口切割橡胶绝缘层,不能损伤芯线,然后右手握住钳头,左手把花线用力抽拉,通过钳口勒出橡胶绝缘层。花线的橡胶层剥去后就露出了里面的棉纱层。

③ 用手将包裹芯线的棉纱松散开,如图2.4(c)所示。

④ 用电工刀割断棉纱,即露出芯线,如图2.4(d)所示。

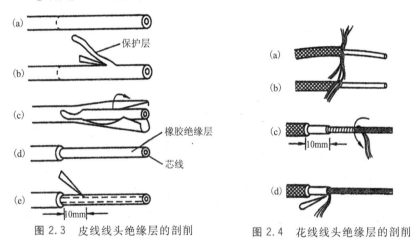

图2.3 皮线线头绝缘层的剖削　　图2.4 花线线头绝缘层的剖削

2.1.4 塑料护套线线头绝缘层的剖削

塑料护套线线头绝缘层的剖削方法如下：

按所需长度用电工刀刀尖对准芯线缝隙划开护套层,如图2.5(a)所示；向后扳翻护套层,用电工刀齐根切去,如图2.5(b)所示；

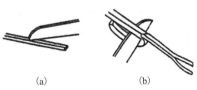

图2.5 塑料护套线线头绝缘层的剖削

在距离护套层5～10mm处,用电工刀按照剖削塑料硬线绝缘层的方法,分别将每根芯线的绝缘层剥除。

导线的连接

○ 2.2.1　单股铜芯导线的直线连接

连接时,先将两导线芯线线头按图 2.6(a)所示成×形相交,然后按图 2.6(b)所示互相绞合 2～3 圈后扳直两线头,接着按图 2.6(c)所示将每个线头在另一芯线上紧贴并绕 6 圈,最后用钢丝钳切去余下的芯线,并钳平芯线末端。

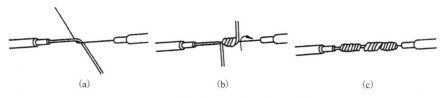

(a)　　　　　　　　　(b)　　　　　　　　　(c)

图 2.6　单股铜芯导线的直线连接

○ 2.2.2　单股铜芯导线的 T 字分支连接

将支路芯线的线头与干线芯线十字相交,在支路芯线根部留出 5mm,然后顺时针方向缠绕支路芯线,缠绕 6～8 圈后,用钢丝钳切去余下的芯线,并钳平芯线末端。如果连接导线截面较大,两芯线十字交叉后直接在干线上紧密缠 5～6 圈即可,如图 2.7(a)所示。较小截面的芯线可

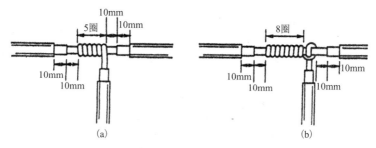

(a)　　　　　　　　　　　　　　(b)

图 2.7　单股铜芯导线的 T 字分支连接

按图 2.7(b)所示方法,环绕成结状,然后再将支路芯线线头抽紧扳直,向左紧密地缠绕 6～8 圈,剪去多余芯线,钳平切口毛刺。

2.2.3 7股铜芯导线的直线连接

先将剖去绝缘层的芯线头散开并拉直,如图 2.8(a)所示;把靠近绝缘层 1/3 线段的芯线绞紧,并将余下的 2/3 芯线头分散成伞状,将每根芯线拉直,如图 2.8(b)所示;把两股伞骨形芯线一根隔一根地交叉直至伞形根部相接,如图 2.8(c)所示;然后捏平交叉插入的芯线,如图 2.8(d)所示;把左边的 7 股芯线按 2、2、3 根分成三组,把第一组 2 根芯线扳起,垂直于芯线,并按顺时针方向缠绕 2 圈,之后将余下的芯线向右扳直紧贴芯线,如图 2.8(e)所示;把下边第二组的 2 根芯线向上扳直,也按顺时针方向紧紧压着前 2 根扳直的芯线缠绕,缠绕 2 圈后将余下的芯线向右扳直,紧贴芯线,如图 2.8(f)所示;再把下边第三组的 3 根芯线向上扳直,按顺时针方向紧紧压着前 4 根扳直的芯线向右缠绕,缠绕 3 圈后,切去多余的芯线,钳平线端,如图 2.8(g)所示;用同样方法再缠绕另一边芯线,如图 2.8(h)所示。

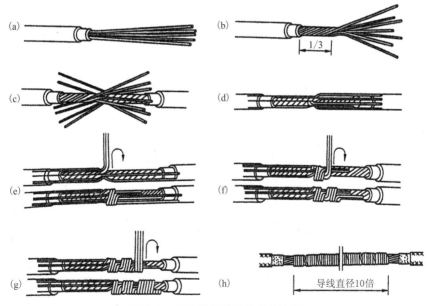

图 2.8　7 股铜芯导线的直线连接

2.2.4　7 股铜芯导线的 T 字分支连接

将分支芯线散开并拉直,如图 2.9(a)所示;把紧靠绝缘层 1/8 线段的芯线绞紧,把剩余 7/8 的芯线分成两组,一组 4 根,另一组 3 根,排齐,如图 2.9(b)所示;用螺丝刀把干线的芯线撬开分为两组,如图 2.9(c)所示;把支线中 4 根芯线的一组插入干线芯线中间,把 3 根芯线的一组放在干线芯线的前面,如图 2.9(d)所示;把 3 根芯线的一组在干线右边按顺时针方向紧紧缠绕 3～4 圈,并钳平线端,把 4 根芯线的一组在干线芯线的左边按逆时针方向缠绕 4～5 圈,如图 2.9(e)所示;最后钳平线端,连接好的导线如图 2.9(f)所示。

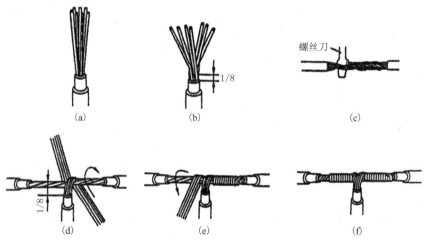

图 2.9　7 股铜芯导线的 T 字分支连接

2.2.5　线头与接线桩的连接

1. 导线与瓦板形接线桩的连接

导线与瓦板形接线桩的连接如图 2.10 所示,连接前应清除线头及接线桩接线处的氧化层及灰尘等杂质。

2. 导线与瓷接头的连接

导线与瓷接头的连接如图 2.11 所示,连接时应将导线头插到瓷接头接线孔底部,螺钉应拧紧以防脱落。

3. 导线的压圈式连接

导线的压圈式连接如图 2.12 所示,连接时线头弯曲度大小要适宜,应大于螺杆直径,小于垫圈外径,压接时要顺时针旋转,不能将导线绝缘层压入垫圈内。

图 2.10 导线与瓦板形接线桩的连接　　图 2.11 导线与瓷接头的连接　　图 2.12 导线的压圈式连接

● 2.2.6 导线绝缘层的恢复

导线绝缘层的恢复如图 2.13 所示,导线绝缘层被破坏或导线连接以后,必须恢复其绝缘性能。在 380V 线路上恢复导线绝缘时,必须先包扎 1～2 层黄蜡带,然后再包 1 层黑胶布。在 220V 线路上恢复导线绝缘时,可以包 2 层黑胶布。

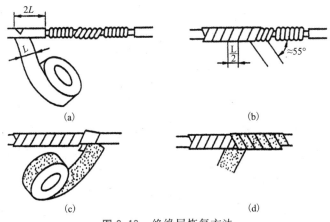

(a)　　　　　　　　　　(b)

(c)　　　　　　　　　　(d)

图 2.13 绝缘层恢复方法

2.3　手工攻螺纹

2.3.1　攻螺纹工具

1. 丝　锥

　　丝锥是加工内螺纹的工具,用高碳钢或合金钢制成,并经淬火处理。常用的丝锥有普通螺纹丝锥和圆柱管螺纹丝锥两种,如图 2.14 所示。丝锥的螺纹牙形代号分别用 M 和 G 表示,见表 2.1。M6～M14 的普通螺纹丝锥两只一套,小于 M6、大于 M14 的普通螺纹丝锥三只一套,圆柱管螺纹丝锥两只一套。

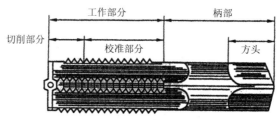

(a) 普通螺纹丝锥

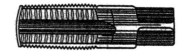

(b) 圆柱管螺纹丝锥

图 2.14　丝　锥

表 2.1　丝锥螺纹牙形代号的含义

螺纹牙形代号	含　义
M10	粗牙普通螺纹,公称外径为 10mm
M14×1	细牙普通螺纹,公称外径为 14mm,牙距为 1mm
G3/4″	圆柱管螺纹,配用的管子内径为 3/4in

　　丝锥在选用时可参考以下事项:

　　① 选用的内容通常有外径、牙形、精度和旋转方向等。应根据所配

用的螺栓大小选用丝锥的公称规格。

② 选用圆柱管螺纹丝锥时应注意,镀锌钢管的标称直径是指管的内径,而电线管的标称直径则是指管的外径。

③ 丝锥精度分为 3 和 3b 两级,一般选用 3 级,3b 级适用于攻丝后还需镀锌或镀铜的工件。

④ 旋向分左旋和右旋,即俗称倒牙和顺牙,通常只用右旋。

2. 铰 杠

铰杠是传递扭矩和夹持丝锥的工具,常用的铰杠如图 2.15 所示。为了较好的控制攻螺纹的扭矩,应根据丝锥尺寸来选择铰杠长度。小于和等于 M6 的丝锥,可选用长度为 150～200mm 的铰杠;M8～M10 的丝锥,可选用 200～250mm 的铰杠;M12～M14 的丝锥,可选用 250～300mm 的铰杠;大于和等于 M16 的丝锥,可选用 400～450mm 的铰杠。

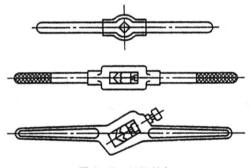

图 2.15　丝锥铰杠

2.3.2　攻螺纹的操作方法

① 画线,钻底孔。攻丝前,先在工件上画线确定攻丝位置并钻出适宜的底孔,底孔直径应比螺纹大径略小,可根据工件材料用下列公式计算确定底孔直径,选用钻头。

钢和塑性较大的材料　　$D=d-t$

铸铁等脆性材料　　$D=d-1.05t$

式中,D 为底孔直径,单位 mm;d 为螺纹大径,单位 mm;t 为螺纹距,单位 mm。

底孔的两面孔口用 90°锪钻倒角,使倒角的最大直径和螺纹的公称直径相等,使丝锥既容易起削,又可防止孔口螺纹崩裂。

② 攻丝前工件夹持位置要正确,应尽可能把底孔中心线置于水平或垂直位置,以便攻丝时掌握丝锥是否垂直工件平面。

③ 先用头锥起攻,丝锥一定要和工件垂直,一手按住铰杠中部用力加压,另一手配合作顺向旋转,如图 2.16(a)所示。也可两手握住铰杠均匀施加压力,并将丝锥顺向旋转。当丝锥攻入 1～2 圈后,从间隔 90°的两个方向用角尺检查校正丝锥位置至要求,如图 2.16(b)所示。

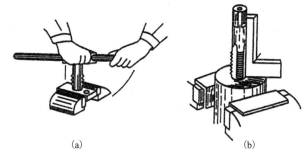

(a)   (b)

图 2.16 攻 丝

图 2.17 丝锥做自然旋转

④ 当丝锥的起削刃切进后,两手不必再施加压力,丝锥可随铰杠的旋转做自然旋进切削。此时,两手旋转用力要均匀,要经常倒转 1/4～1/2 圈,使切屑碎断后容易排除,避免因切屑阻塞而使丝锥卡住,如图 2.17 所示。

⑤ 攻丝时必须按头锥、二锥、三锥顺序攻削至标准尺寸。换用丝锥时,先用手将丝锥旋入已攻出的螺孔中,待手转不动时,再装上铰杠继续攻丝。

⑥ 攻不通孔时,应在丝锥上做深度标记。攻丝时要经常退出丝锥,排除切屑。

⑦ 攻丝时要根据材料性质的不同选用并加注冷却润滑液。通常,攻钢制工件时加机油,攻铸铁件时加煤油。

手工套螺纹

2.4.1　套螺纹的工具

1. 板　牙

板牙是加工外螺纹的工具,常用的有圆板牙和圆柱管板牙两种。圆板牙如同一个螺母,在上面有几个均匀分布的排屑孔,并以此形成刀刃,如图 2.18 所示。

用圆板牙套螺纹时,工件的外径应略小于螺纹大径。工件外径可按下列经验公式计算:

$$D = d - 0.13t$$

式中,D 为工件外径,单位 mm;d 为螺纹大径,单位 mm;t 为螺距,单位 mm。

2. 板牙铰杠

板牙铰杠用于安装板牙,与板牙配合使用,如图 2.19 所示。板牙铰杠外圆上有 5 只螺钉,均匀分布的 4 只螺钉起紧固板牙作用,其中上方的两只螺钉兼有调节小板牙螺纹尺寸的作用;顶端那只螺钉起调节大板牙螺纹尺寸的作用,这只螺钉必须插入板牙的 V 形槽内。

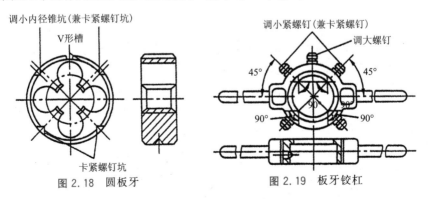

图 2.18　圆板牙　　　　　图 2.19　板牙铰杠

2.4.2 套螺纹的操作方法

① 将工件的端部倒角。为了使板牙起套螺纹时容易切入工件,工件圆杆端部要倒成 15°~20° 的锥体,锥体的小端直径要略小于螺纹小径,以防套丝后螺纹端部产生锋口或卷边。

② 将工件用虎钳夹持牢靠,套丝部分尽可能接近钳口。由于工件多为圆杆,一般要用 V 形夹块或厚铜衬作衬垫,以保证夹持可靠。

③ 起套时,一手握住铰杠中部,沿圆杆轴向施加压力,另一手配合作顺向切进。推进时转动要慢,压力要大,必须保证板牙端面与圆杆轴线垂直,不能歪斜。在板牙切入圆杆 2~3 牙时,应及时检查其垂直度并做准确校正。

④ 当板牙旋入 3~4 圈后,不用再施加压力,让板牙自然旋进,以免损坏螺纹和板牙。操作中要经常倒转板牙排屑。

⑤ 在钢件上套螺纹时要加切削液,以提高加工螺纹表面的光洁度,延长板牙使用寿命。切削液一般为机油或较浓的乳化液。

2.5 安装木榫、胀管和膨胀螺栓

2.5.1 木榫的安装

1. 木榫孔的錾打

凡在砖墙、水泥墙和水泥楼板上安装线路和电气装置,需用木榫支持,木榫必须牢固地嵌进木榫孔内,以保证安装质量。

在砖墙上可用小扁凿按图 2.20(a)所示方法錾打木榫孔。在水泥墙上可用麻线凿按图 2.20(b)所示方法錾打木榫孔。在錾打木榫孔时应注意以下事项:

① 砖墙上的木榫孔应錾打在砖与砖之间的夹缝中,且錾打成矩形,水泥墙或楼板上的木榫孔应錾打成圆形。

② 木榫孔径应略小于木榫 1~2mm,孔深应大于木榫长度约 5mm。

③ 木榫孔应严格地錾打在标划的位置上,以保证支持点的挡距均匀

和高低一致。

④ 木榫孔应錾打得与墙面保持垂直,不可出现口大底小的喇叭状。

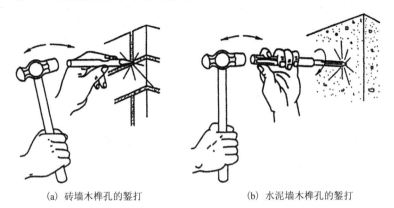

(a) 砖墙木榫孔的錾打   (b) 水泥墙木榫孔的錾打

图 2.20　木榫孔的錾打方法

2. 木榫的削制

木榫通常采用干燥的细皮松木制成。木榫的形状应按照使用场所要求来削制。砖墙上的木榫用电工刀削成长 12mm、宽 10mm 的矩形,如图 2.21(a)所示;水泥墙上的木榫用电工刀削成边长为 8～10mm 的正八边形,如图 2.21(b)所示。在削制木榫时应注意以下事项:

① 削制木榫时,应顺着木材的纹路。

② 用电工刀削制木榫时要注意安全,不要伤手。

③ 木榫的长度应比榫孔稍短些。木榫的长短还要与木螺钉配合,一般木螺钉旋进木榫的长度不宜超过木榫长度的一半,木榫长度以 25～38mm 为宜。

④ 木榫应削得一样粗细,不可削成锥形体。为便于把木榫塞入木榫孔,其头部应倒角。

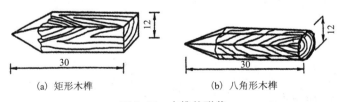

(a) 矩形木榫   (b) 八角形木榫

图 2.21　木榫的形状

3. 木榫的安装

安装木榫时,先把木榫头部塞入木榫孔,用锤子轻击几下,待木榫进入孔内 1/3 后,检查它是否与墙面垂直,如不垂直,应校正垂直后再进行敲打,一直打到与墙面齐平为止。木榫在墙孔内的松紧度应合适,过紧,容易打烂榫尾;过松,达不到紧固目的,如图 2.22 所示。

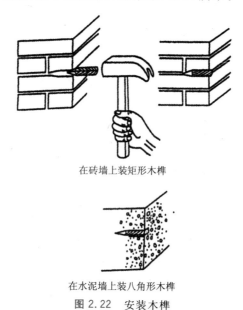

在砖墙上装矩形木榫

在水泥墙上装八角形木榫

图 2.22　安装木榫

2.5.2　胀管的安装

1. 胀管的选配

胀管由塑料制成,又称塑料榫。通常用于承力较大而又难以安装木榫的建筑面上,如空心楼板和现浇混凝土板、壁、梁及柱等处,胀管的结构如图 2.23 所示。

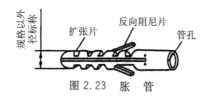

图 2.23　胀　管

当胀管管孔内拧入木螺钉后,两扩张片向孔壁张开,就紧紧地胀住孔内,以此来支撑装在上边的电气装置或设备。如果胀管规格与榫孔大小不匹配(孔大管小),或木螺钉规格与胀管孔直径不匹配(孔大木螺钉小),则胀管在孔内就难以胀牢。胀管的规格有φ6mm、φ8 mm、φ10mm、和 φ12 mm 等多种。孔径应略大于胀管规格,凡小于 φ10mm 胀管的孔径应比胀管大 0.5mm,如 φ8mm 胀管的孔径为 φ8.5mm。凡等于或大于 φ10mm 的胀管,孔径比胀管大 1mm,如 φ12mm 胀管的孔径为 φ13mm。φ6mm 的胀管可选用 φ3.5mm 或 φ4mm 的木螺钉,φ8mm 的胀管可选用 φ4mm 或 φ4.5mm 的木螺钉,φ10mm 的胀管可选用 φ5mm 或 φ5.5mm 的木螺钉,φ12mm 的胀管可选用 φ5.5mm 或 φ6mm 的木螺钉。

2. 胀管的安装

安装时,根据施工要求,先定位画线,然后用冲击电钻根据榫体的直径在现场就地打孔。打孔不宜用凿子凿孔,以免榫孔过大或不规则,影响安装质量。清除孔内灰渣后,将胀管塞入,要求管尾与建筑面保持齐平,必须经过塞入、试敲纠直和敲入三个步骤。安装质量要求是,管体应与建筑面保持垂直,管尾不应凹入建筑面[图 2.24(a)],不应凸出建筑面[图 2.24(b)],不应出现孔大管小[图 2.24(c)],不应出现孔小管大[图 2.24(d)]。最后把要安装设备上的固定孔与胀管孔对准,放好垫圈,旋入木螺钉。

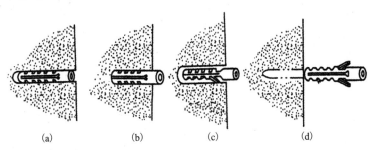

(a)　　　　(b)　　　　(c)　　　　(d)

图 2.24　胀管的安装不合格示例

2.5.3　膨胀螺栓的安装

1. 膨胀螺栓孔的凿打

采用膨胀螺栓施工,先用冲击电钻在现场就地打孔,孔径的大小和深度应与膨胀螺栓的规格相匹配。常用膨胀螺栓与孔的配合见表 2.2。

表 2.2　常用膨胀螺栓与钻孔尺寸的配合(mm)

螺栓规格	M6	M8	M10	M12	M16
钻孔直径	10.5	12.5	14.5	19	23
钻孔深度	40	50	60	70	100

2. 膨胀螺栓的安装

在砖墙或水泥墙上安装线路或电气装置,通常用膨胀螺栓来固定。常用的膨胀螺栓有胀开外壳式和纤维填料式两种,外形如图 2.25 所示。采用膨胀螺栓,施工简单、方便,免去了土建施工中预埋件的工序。膨胀螺栓是靠螺栓旋入胀管,使胀管胀开,产生膨胀力,压紧建筑物孔壁,将其和安装设备固定在墙上。

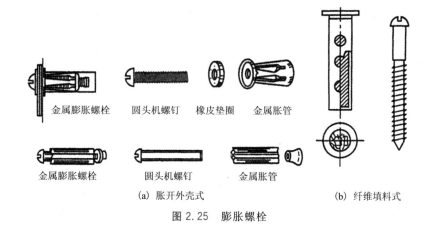

金属膨胀螺栓　　圆头机螺钉　　橡皮垫圈　　金属胀管

金属膨胀螺栓　　圆头机螺钉　　　金属胀管

(a) 胀开外壳式　　　　　　　　　(b) 纤维填料式

图 2.25　膨胀螺栓

安装胀开外壳式膨胀螺栓时,如图 2.26 所示,先将压紧螺母放入外壳内,然后将外壳嵌进墙孔内,用锤子轻轻敲打,使它的外缘与墙面平齐,最后只要把电气设备通过螺栓或螺钉拧入压紧的螺母中,螺栓和螺母就会一面拧紧,一面胀开外壳的接触片,使它挤压在孔壁上,螺栓和电气设备就一起被固定。

安装纤维填料式膨胀螺栓时,只要将它的套筒嵌进钻好或打好的孔中,再把电气设备通过螺钉拧到纤维填料中,就可把膨胀螺栓的套筒胀紧,使电气设备得以固定。

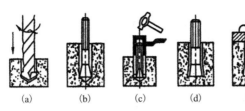

图 2.26　膨胀螺栓的安装

 手工电弧焊

2.6.1　电弧焊工具

电弧焊工具主要是指电焊机、电焊钳、面罩和电焊条。

1. 电焊机

电弧焊是通过电弧对焊接工件的局部加热,使连接处的金属熔化,再加入填充金属而结合的方法。电焊机是进行电弧焊的主要设备,它为电弧提供电源,分为交流电焊机和直流电焊机两类。应用比较普遍的是交流电焊机,如图 2.27(a)所示。

电焊机必须具有电弧的可靠引燃及稳定燃烧保弧的特点,一般要求交流电焊机的空载电压不低于 55V,直流电焊机的空载电压不低于 40V。在应用电焊机时,由于焊接不同厚度的金属材料,其焊接的电流大小应易调节,一般要求电焊机调节范围在电焊机额定电流的 0.25～1.2 倍。这是由于短路电流过大,会引起电焊机绕组过热,烧坏电焊机;而短路电流过小,则引弧困难,难以满足焊接的需要,因此要求电焊机应具有适当的短路电流。在使用交流电焊机时应注意以下事项:

① 移动电焊机时,一定要先切断电源,不允许带电移动电焊机,并且在移动时切勿使电焊机受到剧烈震动和其他物体的冲击,以免外壳与带电体接触。

② 在使用电焊机过程中,要经常对电焊机接线桩、连接处以及电缆进行检查,发现有烧坏处或者接触不良处,应及时修复好后再使用。

③ 电焊机应根据不同型号、不同功率选用合适的电源线、熔丝、开关

及电源线的容量,不可选得过小,特别是熔丝选择一定要适当。电焊机外壳必须可靠接地,若多台电焊机同时使用时,所有电焊机的接地线应为并联接地,不得串联,以确保人身安全。

④ 电焊机电源线必须接线正确,首先应检查电焊机一、二次侧的接线,变压器初级称为一次侧线,较细,应接电源;变压器二次侧较粗,应接负载,即电焊机焊把线。在接线时,应特别注意电焊机铭牌上所要求的电压,如果是 220V 时,应接电源 220V,即一根接火线,另一根接零线。如果是 380V 时,应把电焊机两根电源线分别接到两相火线上。切勿将 220V 的电焊机接入 380V 的电源线上,如果接错,会很快烧毁电焊机。

⑤ 在焊接过程中需调节电流大小时,应在空载时进行,电焊机在工作时不宜长期处于短路状态,特别注意在非焊接时,绝对禁止焊把与焊件直接接触,以免造成短路烧毁电焊机。

⑥ 电焊机在工作完毕时,应及时切断电源。

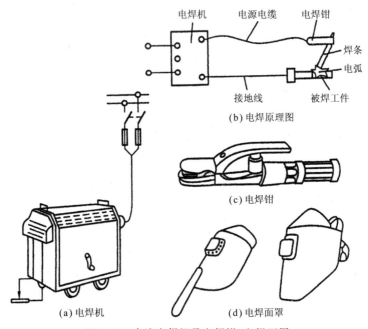

图 2.27 交流电焊机及电焊钳、电焊面罩

2. 电焊钳和面罩

电焊钳是用来夹持焊条以便正常焊接的工具,如图 2.27(c)所示。

面罩是用来遮滤电弧光和保护眼睛视力,保证操作者能正常进行操作的防护工具,有手持式和头戴式两种,如图2.27(d)所示。

3. 电焊条

电焊条(简称焊条)是电弧焊接的焊剂和材料,电工常用的电焊条是结构钢焊条。选用电焊条主要是选择焊条的直径,焊条直径主要取决于焊接工件的厚度。焊接工件的厚度越厚,选用焊条的直径就越大,但焊条的直径应不超过焊件的厚度。电焊条直径的选择可参见表2.3。

表2.3 电焊条直径的选择

焊件厚度(mm)	≤1.5	2	3	4～5	6～12	≥12
焊条直径(mm)	1.6	2	3.2	3.2～4	4～5	4～6

使用不同直径的焊条,在焊接时应先调整电焊机选用不同的电流:$\varphi 3.2\text{mm}$ 焊条的焊接电流在 $100\sim130\text{A}$ 左右,$\varphi 4.0\text{mm}$ 焊条的焊接电流在 180A 左右。

2.6.2 焊接接头的形式

焊接接头的形式主要有对接接头、T字接头、角接接头和搭接接头4种,如图2.28所示,实际应用中选用何种形式要根据具体需要而定。

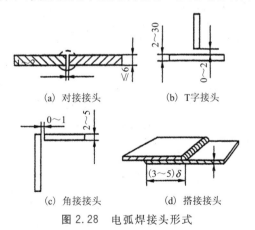

(a) 对接接头   (b) T字接头

(c) 角接接头   (d) 搭接接头

图2.28 电弧焊接头形式

焊接时工件接头的对缝尺寸是由焊件的接头形式、焊件的厚度和坡口形式决定。电工操作的焊接工件通常是角钢和扁钢,一般不开口。对缝尺寸在 $0\sim2\text{mm}$ 以内。

2.6.3　焊接方式

焊接方式分为平焊、立焊、横焊和仰焊 4 种,如图 2.29 所示。

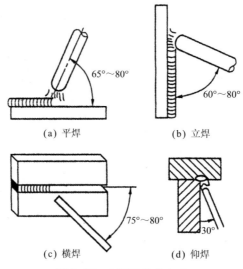

(a) 平焊　　　　　　(b) 立焊

(c) 横焊　　　　　　(d) 仰焊

图 2.29　电弧焊接的方式

焊接中,需要选用何种方式应根据焊件工件的结构、形状、体积和所处的位置不同,选择不同的焊接方式。

1. 平　焊

平焊时,焊缝处于水平位置,操作技术容易掌握,采用焊条直径可以大一些,生产效率高。焊接采用的运条方式为直线形,焊条角度如图 2.29(a)所示。

焊件若要两面焊接时,焊接正面焊缝的运条速度应慢一些,以获得较大的深度和宽度;焊接反面焊缝时,则运条的速度要快一些,使焊缝宽度小一些。

2. 立焊和横焊

立焊和横焊有一定难度,由于熔化金属因自重下淌易产生未焊透和焊瘤等缺陷。所以要用较小直径的焊条和较短的电弧焊接,立焊时焊条的最大直径不超过 5mm,焊条角度如图 2.29(b)、(c)所示。焊接电流要比平焊时小 12%～15%。

3. 仰 焊

仰焊操作的难度更大,由于熔化金属因自重下淌而易产生未焊透和焊瘤等缺陷的现象更突出,焊接时要采用较小直径的焊条(最大直径不超过 4mm),用最短的电弧进行焊接,如图 2.29(d)所示。

2.6.4 焊接操作步骤和方法

第一步:定位。先将被焊工件用"马"板与铁楔等夹具暂时定位。

第二步:引弧。电弧的引燃方法主要有划擦法和接触法两种。

① 划擦法。先将已接通电源的焊条前端对准焊缝,然后将手腕扭转一下,与划火柴动作相似,使焊条在焊缝表面上划擦一下(长度约20mm),使焊条前端落入焊缝范围,并将焊条提起 3~4mm,电弧即可引燃。接着立即控制使弧长保持在与焊条直径相应的范围内,并运条焊接。

② 接触法。先将已接通电源的焊条前端对准焊缝,然后用腕力使焊条轻碰一下焊件表面,再迅速将焊条提起 3~4mm,即可引弧。其电弧长度的控制与划擦法相同。

第三步:运条焊接。电弧引燃后,将电弧稍微拉长,使焊件加热,然后缩短焊条与焊件之间的距离,电弧长度适当后,开始运条。运条时焊条前端按三个方向移动:第一,随着焊条的熔蚀,其长度渐短,应逐渐向焊缝方向送进,送进速度应与焊条熔化速度相适应;第二,焊条横向摆动,以扩宽焊接面;第三,使焊条沿着焊缝,朝着未焊方向前进。在焊接过程中,这三个动作应有机配合,以保证焊接质量。

第四步:收尾。当焊缝焊完时,焊条前端要在焊缝终点做小的画圈运动,直到铁水填满弧坑后,提起焊条,终止焊接。

第 3 章

室内线路与照明装置故障检修

3.1 室内布线的种类和敷设

室内布线可分为明线敷设和暗线敷设两大类。

1. 明线敷设

① 明线敷设的技术要求。

室内水平敷设明线距地面不得低于2.5m,垂直敷设明线与地面距离不低于1.8m。

导线过楼板时应套加钢管保护,钢管长度应从高于楼板2m处引至楼板下出口处为止。

导线穿墙或越墙要用瓷管(或塑料管)保护。瓷管(或塑料管)的两端出线口伸出墙面应不小于10mm。导线穿出墙外时,穿线管应向墙外地面倾斜或采用瓷弯头套管,弯头套管口向下,以防雨水流入管内。

导线相互交叉时,为避免碰线,应在每根导线外面套上塑料管或其他绝缘管,并将套管固定,使其不得移动。

② 穿管明敷设的技术要求。

用于穿管敷设的绝缘导线的电压等级不应小于交流500V。绝缘导线的穿管应符合有关规定。导线芯线最小截面积的规定是:铜芯线截面积为1mm²,铝芯线截面积不小于2.5mm²。

同一单元或同一回路的导线应穿入同一管路。不同电压、不同回路、不同电流种类的供电线或非同一控制对象的电线,不得穿入同一管子内。互为备用的线路亦不得穿入同一管子内。注意:所有穿管线路导线在管内不得有接头。采用一管多线时,管内导线的总面积(包括绝缘层)不应超过管内截面积的40%。在钢管内不准穿单根导线,以免形成交变磁通而带来损耗。

穿管明敷线路应采用镀锌或经过涂漆的焊接管、电线管或硬塑料管。钢管壁厚度不小于1mm,明敷设用的硬塑料管壁厚度不应小于2mm。穿管线路长度太长时,应加装一个接线盒。

③ 裸导线敷设的技术要求。

在负荷较大的工矿企业的厂房内,可将裸导线敷设在人员及机械不易触及的地方。裸导线散热好,因而载流量大,节省有色金属,价格便宜。裸导线敷设高度应离地面 3.5m 以上。如不能满足时,必须用网孔遮拦围护,但栏高不得低于 2.5m。采用矩形铝排(或铜排)或大截面铝绞线送电时,两端应拉紧。所有裸母线应涂以黄、绿、红色漆相区别,表示 U、V、W 三相相色。有可能被起重机的驾驶人员攀登或检修时触及的地方,都应局部加装保护网。裸导线的线间距及其与建筑物表面的净距离,不应小于有关规定。必要时应在无支架固定的区段加装绝缘夹板。

2. 暗线敷设

暗管线路一般敷设在地坪内、砖墙内、灰泥层下面及楼板、柱子、过梁等表层下或预制楼板孔中。暗管线路具有防火、防潮、抗腐蚀和抗机械损伤等优点,但造价较高,维修不便。导线暗管敷设应采用镀锌钢管或进行防腐处理。暗线敷设钢管的壁厚不小于 2mm,硬塑料管的壁厚不小于 3mm。导线或电缆进出建筑物、进出池沟及穿越楼板时,必须通过预埋的钢管。

3.2 进户线

如图 3.1 所示,进户线是指从电力公司的低压配电电线柱到用户的第一个安装点为止的配线。这一段施工一般由电力公司负责。

用户的第一个安装点以后的配线,一般由专门施工队负责。从进户线安装点到室内配电盘之间的电度表的安装则由电力公司负责。

进户线有引入两条线的单相二线制和引入三条线的单相三线制之分。单相二线制如图 3.2 所示,其中一条线被接地(此时具有规定的电阻),因此家用电器一般安装在两条线路之间。

单相三线制如图 3.3 所示,其中一条线路作为中性线被接地。此时,中性线与其他两条线之间电压为 100V,其他两条线之间的电压为 200V,因此,如果是使用电压为 100V 的家用电器,则连接在中性线与其他两条线中任意一条线之间,如果是使用电压为 200V 的家用电器,则连接在除了中性线之外的两条线之间。

目前,随着家用电器数量的增加,采用单相三线制的情况越来越多。

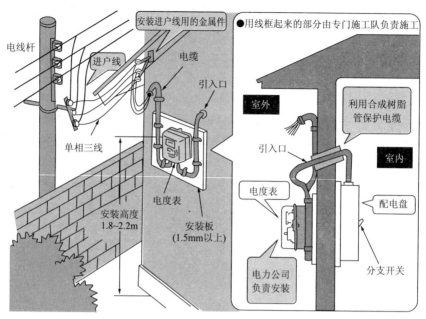

图3.1 进户线示意图

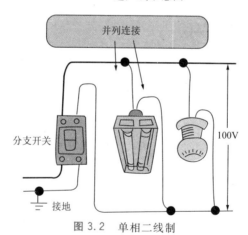

图3.2 单相二线制

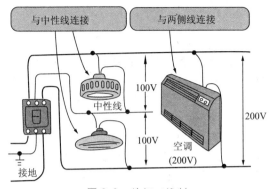

图 3.3 单相三线制

3.3 室内配线图中的电气图形符号

常用室内配线图形符号见表 3.1。

表 3.1 室内配线图形符号示例

名　称	图形符号	名　称	图形符号
屋顶隐蔽配线	———————	受电点	⌇
地面隐蔽配线	— — — — —	室内空调器	RC
明配线	- - - - - - -		
向上引线		一般照明 用白炽灯， HID 灯	○
向下引线			
双向引线		日光灯	⊏○⊐
支线盒或接线盒	⊠	插　座	⊖
		点火器	•
电缆交接箱	⊘	调光器	↗
接地端子	⏚	遥控开关	•R
接地中心	EC	开　关	S
接地极	⏚	配线用断路器	B

3.4 室内专用电路的设置

1. 配电盘

配电盘是指安装分支开关的盘或者收拢这些装置的用阻燃性材料制成的盒子。在家中的厨房或者在门后的上方经常看到配电盘。如图 3.4 所示,从电力公司的低压配电线引入的电,经过电度表到达配电盘,然后由配电盘分配家中电器所使用的电。可以说,配电盘如同站在十字路口的交通警察一样,管理着家中的电。

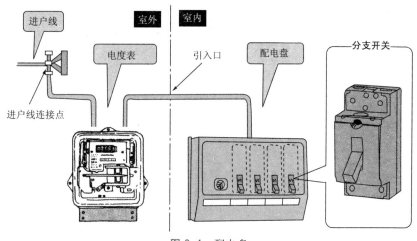

图 3.4 配电盘

2. 分支开关

分支开关是指安装在配电盘中的安全用断路器。如果线路中的电流过大、电器发生了故障或者发生了短路等,分支开关就会自动断开保护线路,这就是分支开关的作用。如果线路中发生了异常,则断路器自动断开电流,直到排除故障后合上开关才能通电。

室内配线中根据用途设置专用分支电路,如图 3.5 所示,在室内配线中有从配电盘向各房间的电灯、插座分配电的专用电路,这些电路被称为分支电路。一般情况下,有多少分支电路就需要多少分支开关。在家中为了提高电器的用电效率,最好布置 3~4 路分支电路。

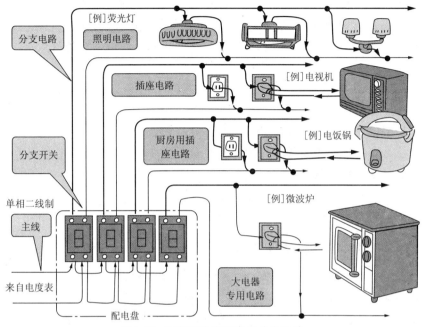

图 3.5 室内配线中的专用分支电路

3.5 室内照明线路的安装

3.5.1 一灯一开关

一灯一开关的线路广泛应用于室内照明线路。它由熔断器、开关、白炽灯串联起来并接于电源上的,工作原理如图 3.6 所示。

L 为电源相线,俗称火线;N 为电源中性线,俗称零线;FU 为熔断器,用于短路故障保护,俗称保险器;EL 为灯具,内装有灯泡;开关 S 控制电灯的亮与灭。

安装注意事项如下:

① 白炽灯的额定电压要与电源电压相符。

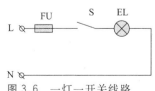

图 3.6 一灯一开关线路

② 在露天安装时使用防水灯座和灯罩,所使用的灯头、灯泡、开关等一切电器产品,要选用与额定功率相匹配的合格产品。

③ 安装时要注意安全,施工中力求经济、美观、合理,且要便于维修。

④ 开关、熔断器必须安装在相线上,零线不允许串接熔断器。

◎ 3.5.2　多灯一开关

多灯一开关的线路多用于临时照明或集体活动场合的照明,工作原理如图 3.7 所示。所有的灯泡均与电源并联,通过开关 S 控制。线路的连接是在灯头或接线盒内的接线端子上进行的。接点不外露则有利于安全,但损耗线材较多。

注意:安装时必须使灯泡总功率与开关、熔断器的额定值相当。通常 5A 熔丝能承载 1kW 灯泡。

◎ 3.5.3　电灯与插座共线

电灯与插座共线电路用于日常供电、照明线路,工作原理如图 3.8 所示。通常在日常供电线路中,插座与电灯共用一条 220V 电源相线。XS 为电源插座,通常提供给用电设备使用;FU_1 为总熔断器,FU_2 为电灯 EL 的熔断器,FU_3 为 XS 的熔断器。

注意:FU_1 熔丝的额定值必须大于 FU_2、FU_3 熔丝的额定值,FU_2、FU_3 熔丝的额定值必须视用电设备功率确定。

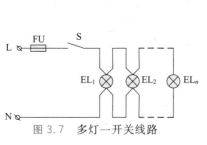

图 3.7　多灯一开关线路

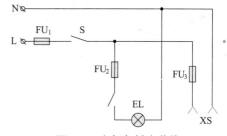

图 3.8　电灯与插座共线

3.6 住宅照明配电线路

3.6.1 日光灯的常见连接线路

日光灯大量应用于家庭以及公共场所的照明,具有发光效率高、寿命长等优点。直管式日光灯的结构如图 3.9 所示,图 3.10 所示为日光灯的一般连接线路图。

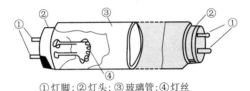

①灯脚;②灯头;③玻璃管;④灯丝

图 3.9 直管式日光灯的结构

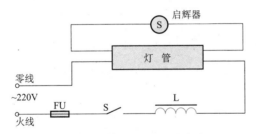

图 3.10 日光灯的一般连接线路图

当开关闭合、电源接通后,灯管尚未放电,电源电压通过灯丝全部加在启辉器内的两个双金属触片上,使氖管中产生辉光放电发热,两触片接通,于是电流通过镇流器和灯管两端的灯丝,使灯丝加热并发射电子。此时,由于氖管被双金属触片短路停止辉光放电,双金属片也因温度降低而分开,在此瞬间,镇流器产生相当高的自感电动势,与电源电压串联后加在灯管两端引起弧光放电,使日光灯发光。

电路中镇流器若采用电感式镇流器,其功率因数很低,无功损耗很大。如一只 40 W 日光灯采用电感式镇流器,其工作电流为 0.43 A,那么其功率为

$$P = IU = 0.43 \times 220 = 94.6(\text{W})$$

常见日光灯的安装图如图 3.11 所示。格栅灯的安装如图 3.12 所示。

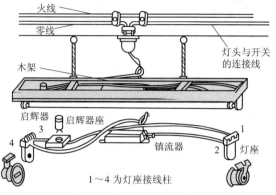

图 3.11　日光灯的安装

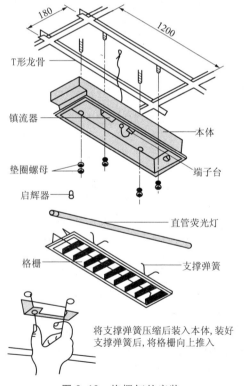

图 3.12　格栅灯的安装

在装配日光灯时,所选用的灯管功率要与镇流器相配,并且与日光灯启辉器所能启动的功率相匹配。

3.6.2 家庭装饰配电线路

随着人们生活水平的日益提高,家庭住房面积的不断增大,特别是大功率家电的增多,家庭用电负载越来越大,对配电系统的要求也越来越高。

1. 一室一厅、两室一厅配电线路

一室一厅或两室一厅家庭装饰配电线路如图 3.13 所示。

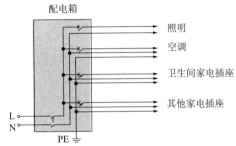

图 3.13 一室一厅或两室一厅家庭装饰配电线路

工作原理:图中 L、N 是从家庭电度表出来的相线、零线,PE 是房屋建筑物保护地线。配电箱可选用安德利系列产品,可实现短路、过载、漏电和失压保护,确保家庭用电安全。空调由于功率大,单独设一回路并保护接地,家电插座特别是卫生间家电插座,为保护用电安全应采用保护接地。

注意:PE 保护接地线必须保证接牢并可靠接地。

2. 三室两厅、四室两厅配电线路

三室两厅或四室两厅家庭装饰配电线路如图 3.14 所示。

工作原理:L、N 是相线、零线,PE 是保护地线,配电箱可选用安德利系列产品 PZ-30,安装在前面,可实现短路、过载、漏电和失压保护。照明设计成两个回路,互不影响,一个回路出现故障时,另一回路仍正常工作。空调由于功率大,数量多,设计成两个回路,并保护接地。厨房家电单独设一回路,并保护接地。

注意:PE 保护接地线必须保证接牢并可靠接地。

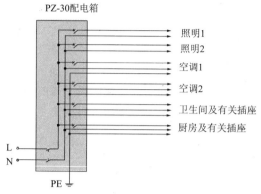

图 3.14　三室两厅或四室两厅家庭装饰配电线路

3.6.3　住宅照明节电控制线路

1.白炽灯、日光灯节电线路

图 3.15 所示为白炽灯、日光灯混合节电线路。制作时,首先准备 30W 日光灯管一只,启辉器一个,100W 的白炽灯泡一个,按照电路原理图接线安装,即可制成白炽灯与日光灯节电混合灯。实践证明,该电路可延长白炽灯泡和日光灯管的使用寿命,实际使用中可以对人们的眼睛起到调节和保护作用。由于不用镇流器,可避免这部分的功率损耗。经实测,功率仅为总功率的 60％左右,效果理想。

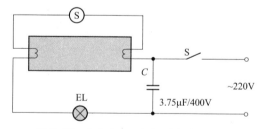

图 3.15　白炽灯、日光灯混合节电线路

2.多灯一开关节电控制线路

为了减少电能的浪费,更合理地使用电能,图 3.16 示出了可以获得不同亮度的住宅照明控制线路。此电路仅用一只大灯(40W 白炽灯)、一只小灯(3W 冷阴极荧光灯)和 3 只控制开关,就能灵活地获得 4 种不同的

照明亮度,而且灯的接通、断开始终由一只开关控制,使用方便,节电效果好。

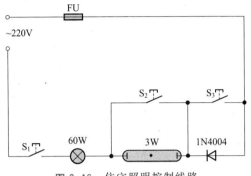

图 3.16   住宅照明控制线路

3. 能够识别停电的照明灯

日常生活中,有时虽停了电,但照明灯的拉线开关不知是处在开还是关的状态,往往再来电时,灯泡成了长明灯,白白浪费了电能。图 3.17 所示电路能够控制照明灯:停电时,它自动识别;再来电时,灯泡也不再长明。

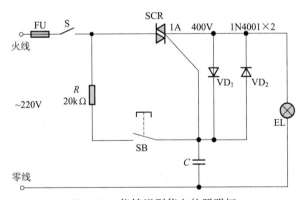

图 3.17   能够识别停电的照明灯

有电时,按下按钮 SB,电容器 C 充电,晶闸管 SCR 有触发电压而导通,灯泡 EL 亮。松开 SB 后,电源由 SCR、VD$_1$、VD$_2$ 向电容器 C 充电,维持晶闸管的导通,灯泡 EL 持续亮。停电时,SCR 关断截止,C 上的电荷经 VD$_1$、VD$_2$、灯泡 EL 泄放完毕。当恢复供电时,由于 SCR 关断,C 上没有充放电压,SCR 控制极得不到触发电压,而保持截止状态,灯不会再亮,从而达到停电自锁状态。当再按下 SB 时,重复上述过程。

S 为原电路的拉线开关,开灯时,S、SB 同时动作;关灯时,只关 S 即可;停电时,则不再考虑 S 的状态。

元器件的选择:双向晶闸管 SCR 为 1A、400V,电容器为 1μF、400V,二极管 VD$_1$、VD$_2$ 为 1N4001,电阻为 20kΩ、1/8W。

电路原理:S$_1$ 为通、断开关,它控制灯的亮灭;S$_2$ 为大、小灯选择开关,它决定用大灯或小灯。S$_2$ 闭合时,小灯被短接,用大灯;S$_2$ 断开时,小灯串接入电路,用小灯。此时,小灯电流虽然也流过大灯,但因电流小,大灯不会发光。S$_3$ 为亮度选择开关,它决定灯的亮度。S$_3$ 断开时,二极管 1N4004 串入电路,只允许交流电的半波通过,故灯发暗光;当 S$_3$ 闭合时,二极管被短接,交流电全波都能通过,电灯获得额定的电压,发出正常的亮光。S$_1$、S$_2$、S$_3$ 均采用拉线开关。

3.7　单相、三相电度表

3.7.1　单相电度表的安装

单相电度表的安装方法如图 3.18 所示。

① 在墙上准备安装电度表的地方塞 3 个木楔,木楔的位置应在电度表外形框线以内。

② 在配电板上固定好电度表、断路器、刀开关、漏电保护器和熔断器等,并打好穿导线的孔。

③ 打开接线端子盖子,连接好电度表及各电气设备的连线。

④ 用 3 枚木螺丝把木板固定在预埋木楔上,事先应先将电源进线从配电板背面引入电度表接线孔。

⑤ 根据电度表接线端子盖子背面的接线图接线。线接好后把大罩盖盖上。

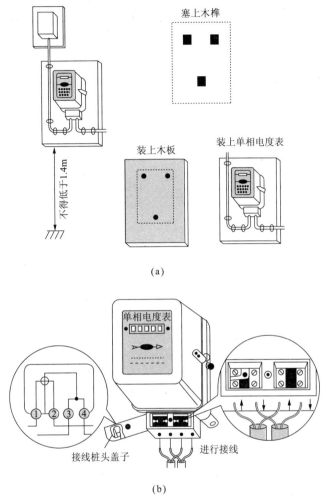

(a)

(b)

图 3.18　单相电度表的安装

3.7.2　单相电度表的接线

单相电度表共有 4 个接线桩头,从左到右按 1、2、3、4 编号。接线方法一般有两种:一是号码 1、3 接进线,2、4 接出线;二是号码 1、2 接进线,3、4 接出线。我国电度表常用的接线方式是第一种,英美等国用的接线方式是后一种,所以在接线时要参照电度表接线桩头盖子上的线路图。单相电度表的接线如图 3.19 所示。

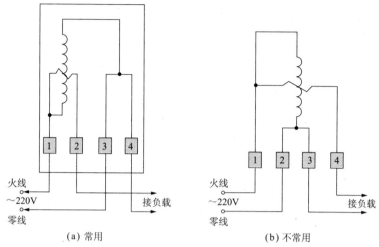

图 3.19 单相电度表的接线

3.7.3 三相电度表的安装

三相电度表的安装方法和要求与单相电度表类似。此外,还应注意以下几点:

① 电度表应按规定的相序(正相序)接入线路,并按照端子盖子背面上的接线图进行接线。最好采用铜导线,避免端子盒中的铜接头接触不良而使计量不准确,甚至烧毁电度表。

② 电流互感器接线时应注意以下几点:

与电流互感器原边接线桩头(L_1、L_2)连接可采用铝导线或铝排,但与副边接线桩头(K_1、K_2)连接必须采用单股铜芯绝缘电线,且铜芯线截面不得小于 $1.5mm^2$。电线中间不得有接头。

电流互感器宜装在电度表的上方,以免抄表、操作时碰触到带电部分。

电流互感器次级(即二次)标有"K_1"或"+"的接线桩要与电度表电流线圈的进线桩连接,标有"K_2"或"-"的接线桩要与电度表的出线桩连接,不可接反,电流互感器的初级(即一次)标有"L_1"或"+"的接线桩,应接电源进线,标有"L_2"或"-"的接线桩应接出线。

电流互感器次级的"K_2"或"-"接线桩、外壳和铁心都必须可靠接地。

三相三线制有功电度表和三相四线制有功电度表的接线如图3.20～图3.22所示。

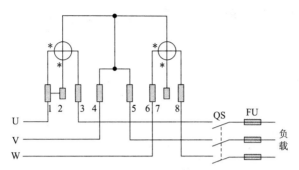

图 3.20　三相三线制有功电度表直接接线

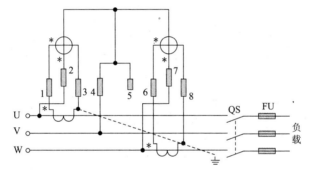

图 3.21　三相三线制有功电度表经电流互感器接线

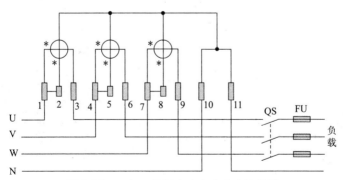

图 3.22　三相四线制有功电度表直接接线

 **管形氙灯接线及故障检修**

图 3.23 所示是管形氙灯的外形,图 3.24 所示是其接线方法。图 3.24 中 1 为高压输出端,电压很高,注意绝缘。触发控制端在触发时有很大电流,需外配接一只交流接触器 CJX1-22(其外形见图 3.25)或 CDC10-20 型主触点,电流在 20A 以上的交流接触器 KM 也可以采用 CDC10-10 型产品,将其触点多只并联即可,线圈电压为 220V。在启动操作时,按下启动按钮 SB,灯管即可点亮,停止工作时则拉下 QS 刀开关,灯管熄灭。图 3.24 中,1、2 端接灯管两端,3、4 端接电源 220V。

图 3.23 管形氙灯外形

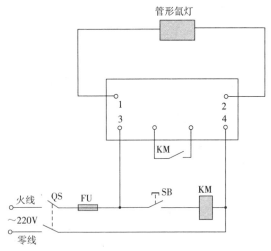

图 3.24 管形氙灯接线方法

图 3.25 CJX1-22 交流接触器外形

管形氙灯使用时应注意以下几点:

① 灯管的悬挂高度根据功率大小而定,一般为了达到照度均匀和大

面积照明的目的,10kW 不宜低于 20m,20kW 不宜低于 25m。

② 触发器与灯管的距离不宜超过 3m,这样可减小高频能量在线路中的损失。

③ 触发器高压出线端不应碰到金属外壳。位置固定时,必须用耐压数千伏的瓷瓶绝缘,以防高压对地击穿。

④ 灯光投射距离可以通过调节灯罩俯仰位置进行适当的调节。

⑤ 灯管安装完毕后,要用棉花沾酒精或四氯化碳擦拭灯管表面,去掉污垢,以免影响使用效果。

⑥ 用触发器点亮时,如发现灯管内有闪光,但没有形成一条充满管径的电弧通道时,应首先检查一下电源电压是否太低(一般不宜低于210V),然后再适当调节触发器内放电火花间隙距离,使其控制在 0.5～2mm。

管形氙灯的常见故障及排除方法见表 3.2。

表 3.2　管形氙灯的常见故障及排除方法

故障现象	原　因	排除方法
按 SB,交流接触器 KM 线圈不动作	① 刀开关 QS 断路 ② 熔断器 FU 熔断 ③ 按钮开关 SB 损坏 ④ KM 线圈断路	① 修复断路处 ② 修复熔断芯 ③ 更换按钮开关 SB ④ 更换 KM 线圈
按 SB,交流接触器 KM 线圈吸合动作,但灯不亮	① KM 常开触点接触不良或断路 ② 触发器 3、4 端电源没有接好 ③ 灯管损坏	① 更换 KM 常开触点 ② 接好触发器连线 ③ 更换新灯管
合 QS,熔断器 FU 立即熔断	① FU 熔断器芯太细 ② 触发器短路	① 更换大一些的熔断芯 ② 更换触发器
输出端放电	输出瓷柱上有灰尘	清理灰尘
按 SB 时,FU 即熔断	KM 线圈短路	更换 KM 线圈

 **两地控制一盏灯电路**

双联开关在建筑行业的家居装修照明中脱颖而出,越来越受到人们的喜爱。有时为了方便,需要在两地控制一盏照明灯。例如,楼梯上使用的照明灯,要求在楼上、楼下都能控制其亮、灭。它需要多用一根连线,采用两只双联开关即可完成,如图 3.26 所示。

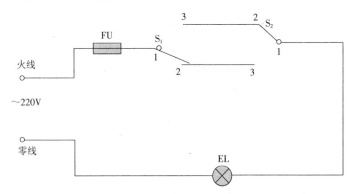

图 3.26　用两只双联开关在两地控制一盏灯的电路

此电路需要注意以下几点:

① 熔断器 FU 必须接在火线上。

② 控制开关也必须控制火线。

③ 采用吊灯口时必须打蝴蝶结(又叫电工结)吊线。

④ 采用螺口灯口时火线必须接在灯口内芯铜片上,以保证使用者安全。

两地控制一盏灯电路的常见故障及排除方法见表 3.3。

双联开关的常见故障及排除方法见表 3.4。

白炽灯的常见故障及排除方法见表 3.5。

表 3.3　**两地控制一盏灯电路常见故障及排除方法**

故障现象	原　因	排除方法
合 S_1 或 S_2 灯不亮	① S_1 损坏 ② S_2 损坏 ③ 连线接触不良或断线 ④ 灯泡损坏 ⑤ 灯口接触不良 ⑥ FU 熔断	① 更换 S_1 开关 ② 更换 S_2 开关 ③ 查出断线点加以恢复 ④ 更换灯泡 ⑤ 修复灯口 ⑥ 查出原因,并恢复 FU 熔断丝
合 S_1 灯亮,断 S_2 无反应	S_2 开关 1、2 触点断不开	更换开关 S_2
S_2 开关位置在上端时,分、合 S_1 无任何反应,S_2 开关位置在下端时,分、合 S_1 正常;当 S_1 开关位置在上端时,分、合开关 S_2 无效,S_1 开关位置在下端时,分、合开关 S_2 正常	S_2 开关公共线与控制线接错	检查并恢复正确接线

表 3.4　**双联开关的常见故障及排除方法**

故障现象	原　因	排除方法
开关操作后电路不通	① 接线螺丝松脱,导线与开关导体不能接触 ② 内部有杂物,使开关触片不能接触 ③ 机械卡死,拨不动	① 打开开关,紧固接线螺丝 ② 打开开关,清除杂物 ③ 给机械部位加润滑油,机械部分损坏严重时,应更换开关
接触不良	① 压线螺丝松脱 ② 开关接线处铜压接头形成氧化层 ③ 开关触头上有污物 ④ 接线开关触头磨损、打滑或烧毛	① 打开开关盖,压紧接线螺丝 ② 换成搪锡处理的铜导线 ③ 断电后,清除污物 ④ 断电后修理或更换开关

表 3.5　白炽灯的常见故障及排除方法

故障现象	原　因	排除方法
灯泡不亮	① 灯丝烧断 ② 灯丝引线焊点开焊 ③ 灯座开关接触不良 ④ 线路中有断路 ⑤ 电源熔丝烧断	① 换用新灯泡 ② 重新焊牢焊点或换用新灯泡 ③ 调整灯座、开关的接触点 ④ 用测电笔、万用表判断断路位置后修复 ⑤ 更换新熔丝
灯泡不亮,熔丝接上后马上烧断	电路或其他电器短路	检查电线是否绝缘老化或损坏,检查同一电路中其他电器是否短路
灯光忽明忽暗或熄灭	① 灯座、开关接线松动 ② 保险丝接触不良 ③ 电源电压不稳(配电不符合规定或有大负载设备超负载运行) ④ 灯泡灯丝已断,断口处相距很近,灯丝晃动后忽接忽离	① 紧固 ② 检查紧固 ③ 无需修理 ④ 更换新灯泡
灯泡发出强烈白光,瞬时烧坏	① 灯泡灯丝有搭丝造成电流过大 ② 灯泡额定电压低于电源电压 ③ 灯泡漏气	① 更换新灯泡 ② 注意灯泡使用电压 ③ 更接新灯泡
灯光暗淡	① 灯泡内钨丝蒸发后积聚在玻壳内表面使玻壳发乌,透光度减低;另一方面灯丝蒸发后变细,电阻增大,电流减小,光通量减小 ② 电源电压过低或离电源点太远 ③ 线路绝缘不良有漏电现象,致使电压过低 ④ 灯泡外部积垢或积灰	① 正常现象,不必修理 ② 可不必修理或改近电源点 ③ 检修线路,恢复绝缘 ④ 擦去灰垢

3.10 楼房走廊照明灯自动延时关灯电路

图 3.27 所示为楼房走廊照明灯自动延时关灯电路。当人走进楼房走廊时,瞬时按下任何一只按钮后松开复位,KT 断电延时时间继电器线圈得电吸合,使 KT 断电延时断开的常开触点闭合,照明灯点亮。延时常开触点经过一段时间后打开,使走廊的照明灯自动熄灭。

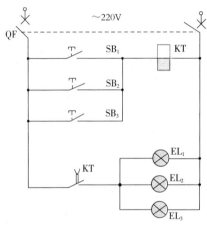

图 3.27 楼房走廊照明灯自动延时关灯电路

图 3.27 中,延时时间继电器选用 JS7-3A 或 JS7-4A 型断电延时时间继电器,线圈电压为 220V。这种延时时间继电器在线圈得电后所有触点立即转态动作,即常开立即变成常闭,常闭立即变成常开,使 KT 吸合,然后在线圈失电后延迟一段时间触点才恢复原来状态。此电路采用的是失电延时断开的常开触点。

楼房走廊照明灯自动延时关灯电路的常见故障及排除方法见表3.6。

表 3.6 楼房走廊照明灯自动延时关灯电路常见故障及排除方法

故障现象	原 因	排除方法
按任意按钮 SB_1、SB_2、SB_3,KT 吸合但灯不亮	KT 断电延时断开的常开触点损坏	更换
按任意按钮无反应	① QF 断路或动作跳闸 ② KT 线圈断路	① 恢复 ② 更换
按下按钮开关,KT 吸合但松开后 KT 不延时	① 延时时间调得太小 ② 延时部分损坏	① 重新调整 ② 更换
不用按按钮,灯长亮不受控制	KT 触点熔焊或分不开	更换

3.11 日光灯常见接线及故障检修

日光灯常见接线方法见表 3.7。

表 3.7 日光灯常见接线方法

名 称	图 示	说 明
一般的接法		这是常用的连接线路。安装时开关应控制日光灯光线,并且应接在镇流器一端。零线直接接日光灯另一端。日光灯启辉器并接在灯管两端即可
双日光灯的接线		这种线路一般用于厂矿和户外广告等要求照度较高的场所

名　称	图　示	说　明
用直流电点燃日光灯的接法	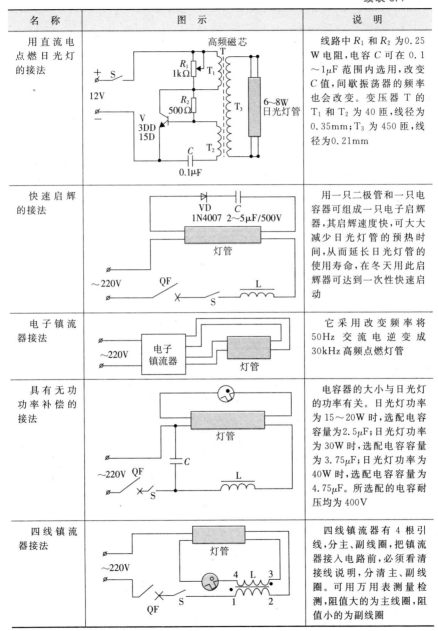	线路中 R_1 和 R_2 为0.25 W电阻,电容 C 可在0.1～1μF范围内选用,改变 C 值,间歇振荡器的频率也会改变。变压器 T 的 T_1 和 T_2 为40匝,线径为0.35mm; T_3 为450匝,线径为0.21mm
快速启辉的接法		用一只二极管和一只电容器可组成一只电子启辉器,其启辉速度快,可大大减少日光灯管的预热时间,从而延长日光灯管的使用寿命,在冬天用此启辉器可达到一次性快速启动
电子镇流器接法		它采用改变频率将50Hz交流电逆变成30kHz高频点燃灯管
具有无功功率补偿的接法		电容器的大小与日光灯的功率有关。日光灯功率为15～20W时,选配电容容量为2.5μF;日光灯功率为30W时,选配电容容量为3.75μF;日光灯功率为40W时,选配电容容量为4.75μF。所选配的电容耐压均为400V
四线镇流器接法		四线镇流器有4根引线,分主、副线圈,把镇流器接入电路前,必须看清接线说明,分清主、副线圈。可用万用表测量检测,阻值大的为主线圈,阻值小的为副线圈

名　　称	图　　示	说　　明
环形荧光灯的接法	启辉器　　～220V　　镇流器　QF	这种荧光灯将灯管的两对灯丝引线集中安装在一个接线板上,启辉器插座兼做灯管插座,使接线变得简单
U 形荧光灯的接法	启辉器　　～220V　　镇流器　QF	使用时需配用相应功率的启动器和镇流器
H 形荧光灯的接法	～220V　　QF　镇流器	H 形荧光灯必须配专用的 H 灯灯座,镇流器必须根据灯管功率来配置,切勿用普通的直管形荧光灯镇流器来代替

日光灯的常见故障及排除方法见表 3.8。

表 3.8　日光灯的常见故障及排除方法

故障现象	原　　因	排除方法
日光灯管不能发光或发光困难	①电源电压过低或电源线路较长造成电压降过大 ②镇流器与灯管规格不配套或镇流器内部断路 ③灯管灯丝断丝或灯管漏气 ④启辉器陈旧损坏或内部电容器短路 ⑤新装日光灯接线错误 ⑥灯管与灯脚或启辉器与启辉器座接触不良 ⑦气温太低难以启辉	①有条件时调整电源电压;线路较长应加粗导线 ②更换与灯管配套的镇流器 ③更换新日光灯管 ④用万用表检查启辉器里的电容器是否短路,如有应更换新启辉器 ⑤断开电源及时更正错误线路 ⑥一般日光灯灯脚与灯管接触处最容易接触不良,应检查修复。另外,用手重新装调启辉器与启辉器座,使之良好配接 ⑦进行灯管加热、加罩或换用低温灯管

故障现象	原 因	排除方法
日光灯的镇流器过热	① 气温太高,灯架内温度过高 ② 电源电压过高 ③ 镇流器质量差,线圈内部匝间短路或接线不牢 ④ 灯管闪烁时间过长 ⑤ 新装日光灯接线有误 ⑥ 镇流器与日光灯管不配套	① 保持通风,改善日光灯环境温度 ② 检查电源 ③ 旋紧接线端子,必要时更换新镇流器 ④ 检查闪烁原因,灯管与灯脚接触不良时要加固处理,启辉器质量差要更换,日光灯管质量差引起闪烁,严重时也需要更换 ⑤ 对照日光灯线路图,进行更改 ⑥ 更换与日光灯管配套的镇流器
噪声太大或对无线电干扰	① 镇流器质量较差或铁心硅钢片未夹紧 ② 电路上的电压过高,引起镇流器发出声音 ③ 启辉器质量较差引起启辉时出现杂声 ④ 镇流器过载或内部有短路处 ⑤ 启辉器电容器失效开路,或电路中某处接触不良 ⑥ 电视机或收音机与日光灯距离太近引起干扰	① 更换新的配套镇流器或紧固硅钢片铁心 ② 如电压过高,要找出原因,设法降低线路电压 ③ 更换新启辉器 ④ 检查镇流器过载原因(如是否与灯管配套,电压是否过高,气温是否过高,有无短路现象等),并处理;镇流器短路时应更换新镇流器 ⑤ 更换启辉器或在电路上加装电容器,或在进线上加滤波器来解决 ⑥ 电视机、收音机与日光灯的距离要尽可能离远些
日光灯管寿命太短或瞬间烧坏	① 镇流器与日光灯管不配套 ② 镇流器质量差或镇流器自身有短路致使加到灯管上的电压过高 ③ 电源电压太高 ④ 开关次数太多或启辉器质量差引起长时间灯管闪烁 ⑤ 日光灯管受到震动致使灯丝震断或漏气 ⑥ 新装日光灯接线有误	① 换接与日光灯管配套的新镇流器 ② 镇流器质量差或有短路处时,要及时更换新镇流器 ③ 电压过高时找出原因,加以处理 ④ 尽可能减少开关日光灯的次数,或更换新的启辉器 ⑤ 改善安装位置,避免强烈震动,然后再换新灯管 ⑥ 更正线路接错之处
日光灯亮度降低	① 温度太低或冷风直吹灯管 ② 灯管老化陈旧 ③ 线路电压太低或压降太大 ④ 灯管上积垢太多	① 加防护罩并回避冷风直吹 ② 严重时更换新灯管 ③ 检查线路电压太低的原因,有条件时调整线路或加粗导线截面使电压升高 ④ 断电后清洗灯管并做烘干处理

续表 3.8

故障现象	原　因	排除方法
灯光闪烁或光有滚动现象	① 更换新灯管后出现的暂时现象 ② 单根灯管常见现象 ③ 日光灯启辉器质量不佳或损坏 ④ 镇流器与日光灯不配套或有接触不良处	① 一般使用一段后即可好转,有时将灯管两端对调一下即可正常 ② 有条件可改用双灯管解决 ③ 换新启辉器 ④ 调换与日光灯管配套的镇流器或检查接线有无松动,进行加固处理
日光灯在关闭开关后,夜晚有时会有微弱亮光	① 线路潮湿,开关有漏电现象 ② 开关不是接在火线上而错接在零线上	① 进行烘干或绝缘处理,开关漏电严重时应更换新开关 ② 把开关接在火线上
日光灯管两头发黑或产生黑斑	① 电源电压过高 ② 启辉器质量不好,接线不牢,引起长时间的闪烁 ③ 镇流器与日光灯管不配套 ④ 灯管内水银凝结(是细灯管常见的现象) ⑤ 启辉器短路,使新灯管阴极发射物质加速蒸发而老化,更换新启辉器后,亦有此现象 ⑥ 灯管使用时间过长,老化陈旧	① 处理电压升高的故障 ② 换新启辉器 ③ 更换与日光灯配套的镇流器 ④ 启动后即能蒸发也可将灯管旋180°后再使用 ⑤ 更换新的启辉器和新的灯管 ⑥ 更换新灯管
日光灯灯头抖动及灯管两头发光	① 日光灯接线有误或灯脚与灯管接触不良 ② 电源电压太低或线路太长,导线太细,导致电压降太大 ③ 启辉器本身短路或启辉器座两接触头短路 ④ 镇流器与灯管不配套或内部接触不良 ⑤ 灯丝上电子发射物质耗尽,放电作用降低 ⑥ 气温较低,难以启辉	① 更正错误线路或修理加固灯脚接触头 ② 检查线路及电源电压,有条件时调整电压或加粗导线截面积 ③ 更换启辉器,修复启辉器座的触片位置或更换启辉器座 ④ 更换适当的镇流器,加固接线 ⑤ 换新日光灯灯管 ⑥ 进行灯管加热或加罩处理

 **3.12 应急照明灯的使用及故障检修**

　　图 3.28 所示是由某灯饰电器厂生产的消防应急照明灯,是一种实用可靠的应急光源,当市电突然性或事故性终止时,本装置可以短时间内自动点亮,为方便人员疏散指示方向或给消防作业提供照明。

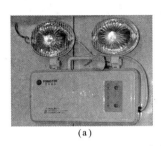 

(a) (b)

图 3.28 应急照明灯

1. 性能简介

主电：绿色指示灯，此指示灯亮时表示市电正常。

充电：当灯具的交流输入端接通 AC 220V 电源时，灯内的电路自动给蓄电池充电，蓄电池处于充电状态，红色指示灯发亮，充满电后电路自动转入涓流充电状态，红色指示灯熄灭，延长了灯具的使用寿命。

故障：下列情况下黄色指示灯均会发亮。

① 蓄电池未装或蓄电池线未接触好。

② 蓄电池充电回路短路。

③ 两灯泡未装或烧坏。

试验按钮：这是模拟主电供电故障的自复式按钮，用户应根据消防部门的要求对应急灯进行定期检查。

过放电保护：灯内电路有精确的过放电保护，当蓄电池放电电压至低于额定电压的 85% 时，过放电电路会及时切断放电电路，以保护蓄电池，延长灯具的使用寿命。

2. 使用方法

应急照明灯的使用方法如下：

① 接输入交流电线时，请按"＋"、"－"接线。

② 接通市电 AC 220V 时，灯具呈主电状态，只需按试验按钮，试验灯具是否工作正常。

③ 用于不固定场所时，只需按灯具标牌上标明的开或关轻触按钮，即能实现应急或关断功能，开灯时灯泡逐渐变亮属正常，是灯泡保护功能在启动。

3. 蓄电池的更换方法

蓄电池的更换方法如下：

① 断开 AC 220V 市电，打开灯具外盖。

② 拆下蓄电池的正极或负极。

③ 拆下托架螺丝，旋下固定蓄电池的螺丝，取下蓄电池。

④ 更换蓄电池。

⑤ 按照拆卸的顺序倒装即可。

更换蓄电池时，请注意勿将蓄电池正、负极短路，否则容易引起烧伤或火灾。

4. 常见故障及排除方法

应急照明灯的常见故障及排除方法见表 3.9。

表 3.9　　应急照明灯的常见故障及排除方法

故障现象	原　　因	排除方法
交流供电、直流供电灯均不亮	① 灯光或灯泡损坏 ② 相关线路接触不良	① 更换灯管或灯泡 ② 检查相关电路
交流供电时，灯不亮	① 灯回路开路 ② 转换继电器有问题	① 检查灯相关电路 ② 更换或修复继电器
直流供电时，灯不亮	① 蓄电池损坏 ② 逆变电路有问题	① 更接蓄电池 ② 修复逆变电路
充电后，断掉交流电，不一会灯就灭	蓄电池损坏	更换蓄电池

3.13 延长冷库照明灯泡寿命电路

冷库的温度通常在零下十几度，由于温度过低，灯泡常常在开灯或关灯的瞬间灯丝烧断。

为解决上述问题，采用两只时间继电器来进行控制，如图 3.29 所示。

电路中 KT_1 为得电延时时间继电器，KT_2 为失电延时时间继电器。开灯时，合上灯开关 S，得电延时时间继电器 KT_1 和失电延时时间继电器 KT_2 线圈同时得电吸合，KT_2 失电延时断开的常开触点立即闭合，照明灯电路在串入整流二极管 VD 的作用下,灯泡两端的电压仅为 99V,来进行低电压预热开灯,待得电延时时间继电器 KT$_1$ 延时后,KT$_1$ 得电延时闭合的常开触点闭合,从而短接了整流二极管 VD,照明灯全电压正常点亮。

关灯时,断开开关 S,KT$_1$、KT$_2$ 线圈均断电释放,KT$_1$ 得电延时闭合的常开触点立即断开,使整流二极管 VD 又重新串入电路中,而失电延时断开的常开触点由于延时时间未到仍处于闭合状态,照明灯 EL 载入低电压准备熄灯,经 KT$_2$ 延时后,KT$_2$ 触点断开,电灯熄灭,也就是说,开灯时,先低电压预热再全压点亮;而在关灯时,则不全压关灯,而是经低电压降温后再熄灭。这样就大大延长了照明灯的使用寿命。若冷库照明灯很多,时间继电器触点容量不够,可采用图 3.30 电路进行扩容。图 3.30 电路中整流二极管可根据负荷电流而定,但耐压必须大于 400V;KT$_1$ 选用 JS7-1A 或 JS7-2A 型得电延时时间继电器,线圈电压为 220V;KT$_2$ 选用 JS7-3A 或 JS7-4A 型失电延时时间继电器,线圈电压为 220V;KA$_1$、KA$_2$ 选用 JZ7-44 型中间继电器,线圈电压为 220V。

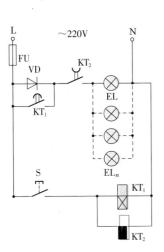

图 3.29 延长冷库照明灯寿命电路

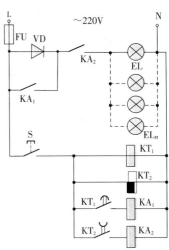

图 3.30 扩容电路

延长冷库照明灯寿命电路常见故障及排除方法见表 3.10。

表 3.10　延长冷库存照明订寿命电路常见故障及排除方法

故障现象	原　因	排除方法
合上 S,灯不亮,短接 KA_2 常开触点,灯亮,短接 S,无反应	KT_1、KT_2、KA_1、KA_2 线圈导线脱落	检查恢复接线
合上 S,灯 EL 即全压亮,继电器 KT_1、KT_2、KA_1、KA_2 均动作	① KT_1 时间继电器延时时间调整过短 ② KA_1 常开触点分不开 ③ KA_1 机械部分卡住 ④ 整流二极管 VD 短路	① 重调 ② 换新 ③ 修理 ④ 更换
关灯时,不降压延时关灯	KT_2 时间继电器延时时间调整过短	重调
合上 S,开始灯不亮,几秒钟后,全压点亮而关灯时没有降压步骤	① 整流二极管烧坏断路 ② 与整流二极管连接的导线脱落	① 更换 ② 检查重接

3.14　CD 系列插卡取电延时开关接线及故障检修

在宾馆客房内的电源总开关,一般采用 CD 系列插卡取电延时开关(其外形见图3.31),它具有延时断电的功能。当钥匙卡片插入开关时,房间总电源接通;当拔出卡片后,经过 20～40s 的延时后便自动切断房间电源,在延时时间内,客人可以不关闭照明电源方便离开房间。

注意:在连接延时开关时,火线、零线进端必须正确连接,否则延时开关不工作。另外一点就是开关最大输出电流为 20A(阻性),相当于4kW,千万不要超负荷使用,否则容易烧坏内部继电器触点。

CD 系列插卡取电延时开关接线如图 3.32 所示,其常见故障及排除方法见表 3.11。

图 3.31　CD 系列插卡取电延时开关

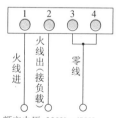

额定电压:220V～/50Hz
负载电流:20Amax(阻性)

图 3.32　接线方法

表 3.11　CD 系列插卡取电延时开关的常见故障及排除方法

故障现象	原　因	排除方法
插卡后无反应	① 卡不符合要求,太薄 ② 火线、零线进端接反了 ③ 微动开关损坏 ④ 555 时基电路损坏 ⑤ 三极管 8550 损坏 ⑥ 小型继电器损坏	① 规范用卡 ② 正确接线 ③ 更换微动开关 ④ 更换 555 时基电路 ⑤ 更换三极管 8550 ⑥ 更换小型继电器
不用插卡,电路直通	① 微动开关损坏 ② 三极管损坏 ③ 小型继电器触点熔焊	① 更换微动开关 ② 更换三极管 ③ 更换小型继电器
拔卡后不延时,立即断电	① 555 时基电路损坏 ② 555 2、7 脚及 6 脚 R、C 损坏	① 更换 555 时基电路 ② 检查 555 外接元件

 **高效电子镇流器接线及故障检修**

高效电子镇流器的种类有很多,如图 3.33 所示。

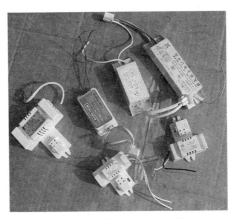

图 3.33　高效电子镇流器

高效电子镇流器的原理框图如图 3.34 所示。

输入220V/50Hz → 整流 → 逆变 → 输出30kHz → 日光灯管

图 3.34　高效电子镇流器原理框图

高效电子镇流器的接线图如图 3.35 所示。

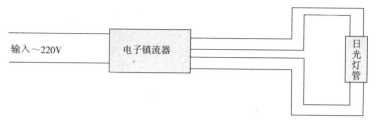

图 3.35　高效电子镇流器接线图

高效电子镇流器的常见故障及排除方法见表 3.12。

表 3.12　高效电子镇流器的常见故障及排除方法

故障现象	原　因	排除方法
灯管不亮	整流桥开路	更换整流桥
熔断器熔断	① 大功率晶体管开焊接触不良 ② 整流桥接触不良	① 重新焊接 ② 重新焊接
灯管两头发红亮不起来	谐振电容器容量不足或开路	更换谐振电容器
灯管不亮,灯丝发红	高频振荡电路不正常	检查高频振荡电路,重点检查谐振电容器

 **SGK 声光控开关应用及故障检修**

　　声光控开关在晚间出现响声(如脚步、拍手等)时,开关将会自动接通照明灯,并延时 30～90s 后自动关闭照明灯,完成照明灯的自动控制。这样在施工中不需要增加线路,同时又避免了灯光的常亮问题,即人来灯亮,人去灯灭,完成自动控制,节省大量电能,是一种优选的自动控制产品。特别提醒此开关不能控制日光灯或继电器,只能用作控制白炽灯。注意,SGK-A、SGK-86 型声光控开关严禁后端负载出现短路,否则将会烧毁声光控开关。

　　SGK 声光控开关的型号及其含义如下:

技术数据如下表所示：

额定工作电压	交流 160～250V
闭锁光照	>1 LK
启动声强	>65dB
延时时间	30～90s
额定功率	<60W
负载类型	白炽灯
感应距离	5m
开关寿命	10^6 次

SGK 声光控开关外形如图 3.36 所示。

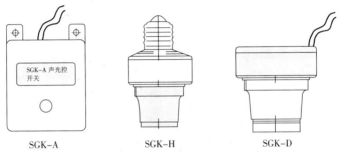

SGK-A   SGK-H   SGK-D

图 3.36   SGK 声光控开关外形

图 3.37 所示为 SGK 声光控自动开关的接线示意图。

图 3.37   SGK 声光控自动开关接线示意图

SGK 声光控自动开关的常见故障及排除方法见表 3.13。

表 3.13　SGK 声光控自动开关的常见故障及排除方法

故障现象	原　因	排除方法
灯不亮	① 声音太小 ② 开关处有光照 ③ 声控开关损坏 ④ 线路断路 ⑤ 灯口接触不上或接触不良 ⑥ 灯泡损坏 ⑦ 所控灯具不是白炽灯,而是日光灯等 ⑧ 光控电阻损坏 ⑨ 熔断器熔断 ⑩ 晶闸管损坏 ⑪ 整流二极管损坏	① 加大拍手声或修理调整灵敏度 ② 属于正常,否则为控制器内部故障,修理控制器 ③ 修理 ④ 恢复线路 ⑤ 修理或更换灯口 ⑥ 更换灯泡 ⑦ 换掉原灯具用白炽灯 ⑧ 更换光控电阻 ⑨ 更换熔断器 ⑩ 更换晶闸管 ⑪ 更换二极管
灯延时时间很短	控制器延时电路损坏	修理延时电路
灯常亮	① 控制器内部大功率器件击穿损坏 ② 接线错误 ③ 碰线 ④ 延时电路太长或损坏	① 更换器件 ② 恢复接线 ③ 断开碰线处 ④ 检修延时电路
灯闪烁	控制器损坏产生振荡	修理控制器
通电灯立即亮,延时一段时间后灯灭了一下又亮了	MIC 话筒线圈开路	更换 MIC 话筒
声控时,灵敏度低	内部电容器损坏	更换电容器

第4章

常用电子元器件故障检修

电阻器

电阻器简称为电阻,是最基本、最常用的电子元件之一。按其阻值是否可以调整可分为固定电阻器和可变电阻器,按其制造材料不同,可分为碳膜电阻器、金属膜电阻器和线绕电阻器等多种。

1. 电阻器的型号

电阻器的型号由四部分组成,第一部分用字母 R 表示电阻器的主称,第二部分用字母表示构成电阻器的材料,第三部分用数字或字母表示电阻器的分类,第四部分用数字表示序号。电阻器型号的意义见表 4.1。

表 4.1　电阻器型号的意义

第一部分	第二部分(材料)	第三部分(分类)	第四部分
	H 合成碳膜	1 普通	
	I 玻璃釉膜	2 普通	
	J 金属膜	3 超高频	
	N 无机实心	4 高阻	
	G 沉积膜	5 高温	
R	S 有机实心	7 精密	序　号
	T 碳膜	8 高压	
	X 线绕	9 特殊	
	Y 氧化膜	G 高功率	
	F 复合膜	T 可调	

2. 电阻器的种类

如图 4.1 所示,电阻器大体上可分为固定电阻器、可变电阻器以及半固定电阻器 3 种类型。

(a) 固定电阻器   (b) 可变电阻器   (c) 半固定电阻器

图 4.1 电阻器的图形符号

① 固定电阻器。表 4.2 示出了具有代表性的常用固定电阻器。可以看出,固定电阻器主要分为 4 种类型。

表 4.2 固定电阻器的分类与特点

名 称	外 观	特 点
线绕电阻器 RW 型	接线端子	不适用于高电阻值和高频电路,但耐高温,温度的稳定性好(±30ppm /℃),主要用于低噪声、大功率的场合,常用于电源回路
金属膜电阻器 RN 型	1Ω	用于温度较高场合,噪声电压非常小,不易损坏。硬件装配时,不会因焊接加热而改变电阻值。常用于运算放大器的外围电路,价格比固体电阻器要贵
碳膜电阻器 RD 型	有效数字 乘数 33 2 332 该电阻为 $33\times10^2\Omega\approx3.3$kΩ	可分为绝缘型、简易绝缘型和非绝缘型 3 种。全部属于小型电阻器,电阻值的范围为 5.1Ω~5.1MΩ 耐电性和耐湿性良好,价格稍高
固体电阻器 RC 型	色标	是应用最广泛的电阻器,电阻值范围广(10Ω~10MΩ),体积小,价格便宜。其缺点是电阻值随温度、湿度有变化 常用色标来表示电阻值及其允许误差

② 可变电阻器。图 4.2 示出了具有代表性的三端子可变电阻器的外观及其电特性。图 4.2(b)所示的是可变电阻器心轴转角的变化率与电阻值变化率之间的关系。为了使用方便,一般可用直线 B 来代替曲线 A、C,因此可以认为,可变电阻器心轴转角与电阻值之间成比例关系。下面来看一下可变电阻器的接线方法。如果利用图 4.2 中的 1、2 两个端子,当心轴按顺时针方向(CW)旋转时,电阻值将从零逐渐增加到最大值。如果利用图中的 2、3 两个端子,而心轴仍按顺时针方向(CW)旋转时,电阻值将从最大值逐渐减小到零。当实际使用时,可用万用表加以确认,这时可将端子 2 作为接地端。

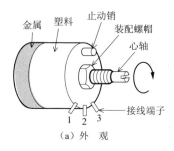

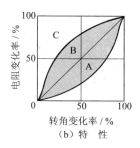

（a）外观 （b）特性

图 4.2 可变电阻器

可变电阻器可分为精密型、微调型、大功率型等，它们的外观与特点见表 4.3。其中，电位器精度较高，常作为位置传感器而广泛使用。

表 4.3 可变电阻器的分类与特点

名　称	外　观	特　点
精密型电位器（线绕多圈型）		电阻值为 $50\Omega\sim100\mathrm{k}\Omega$，电阻值允许误差为 5%，具有良好的直线性、灵敏度和稳定性，用于各种要求精密电阻的场合。广泛应用于精密测量仪器、自动控制器以及位置传感器等
微调型电位器		可用于印制电路板的配线，易于安装。电阻材料等采用了特殊材料，故温度系数小。特别是金属陶瓷型为无感电位器，可适用于高频电路
		结构上为全封闭型，具有良好的防尘性和耐湿性。外壳用特殊的合成树脂制成，具有良好的阻燃性，引脚用贵金属制成，接触电阻小，容易实现微小调节。最适合用于要求高可靠性的工业测量仪器、电子计算机、医疗测试仪器等
大功率型（阻燃涂料型）可变空心电阻器		把电阻线均匀卷绕在环状磁芯上，然后用阻燃涂料包覆。在电阻线露出部位，利用电刷滑动来实现电阻的变化。允许表面温度在 360℃以下使用。可用于工业、民用等各种场合。电阻器容量范围为 $10\mathrm{W}\sim1\mathrm{kW}$

③ 半固定电阻器。半固定电阻器与表 4.3 所示的微调型可变电阻器的外观基本相同。接线端子的序号也与可变电阻器的相同,即端子 2 是可调端。半固定电阻器常用于电压、电流的调节以及运算放大器的放大倍数调整等。半固定电阻器的电阻值一旦调整完毕,在设备使用过程中一般就不再调整了。

3. 固定电阻器的故障检修

任何电阻安装在电路中时,都会损耗功率并且电阻损耗的最大功率将取决于周围的温度。显而易见,低的损耗将会改进稳定性并降低故障率。总体而言,电阻故障率取决于它的类型、制作方法、操作和环境条件及电阻值。以下列出的是固定电阻器的一些故障以及引起故障的可能原因。

① 碳质电阻。

• 断路。由于温度过高导致电阻内部烧毁;由于机械压力造成电阻破裂;弹簧盒盖的移动;由于过度挠曲造成线路破坏。

• 高阻值。热量、电压或是潮湿引起碳或是黏合剂的移动;由于吸收湿气而引起的膨胀导致碳微粒的分离。

② 金属电阻。

• 断路。制造过程中薄层的刮擦或是碎裂;由于高压或是温度引起薄层的分离;断路故障,特别是在高阻值情况下由于存在薄的螺旋形电阻丝而更易发生。

• 高噪声。由于电路组装不好产生机械压力进而导致终接器的接触不良。

③ 线绕电阻。

• 断路。电线破裂,特别是在细金属丝的情况下;由于吸收潮气引发电解作用进而导致电线腐蚀;电线缓慢结晶(由于杂质),导致线路中断和破裂;熔焊末端断裂。

4. 可变电阻器或电位器

可变电阻器基本上是由一些带有与其接触的可调滑线电阻触头的材料组成。可变电阻器或是电位器(通称为分压计)根据所使用的电阻材料不同分为以下 3 种类型(图 4.3)。

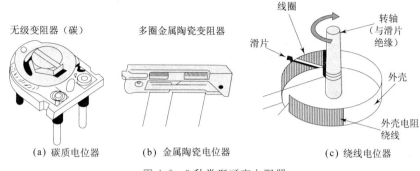

图 4.3　3 种类型可变电阻器

① 碳质电位器。碳质电位器一般由固体碳物质制成,或者在底层覆盖一层加入了绝缘层的碳物质。

② 金属陶瓷电位器。金属陶瓷电位器由较厚的电阻层覆盖在陶瓷的底部制成。

③ 绕线电位器。绕线电位器则是将镍铬铁合金或其他材料线缠绕在合适的绝缘样板上制成。

电位器常常用于设置电阻的偏差值,设置遥控器的时间常数,进行放大器的增益调整或在控制电路中传递电流或电压。因此,它们都是集成的,以便与印制电路板连接。

5. 电位器的故障检修

电位器比固定电阻的故障率更高。因为电位器由可移动的部分组成,其稳定性取决于滑线电阻触头与电阻丝之间良好可靠的电子接触。通常来说,在实际应用中电位器遇到的故障分为以下两种类型:

① 完全失效。完全失效表明其本身的滑线电阻触头与电阻丝或者电阻丝与端部连接处处于断路状态,原因可能是由于潮气导致金属部分的腐蚀;或者由于潮气或是高温引起的塑料部分(导轨模块)的扭曲和损坏。

② 局部失效。电位器的局部失效是由于滑线电阻触头阻值的上升而产生更高的电噪声或是断续接触而产生的,这种情况多是由于灰尘微粒、研磨物质或是滑线电阻触头与电阻丝之间积累的油脂而引起。由于接触问题而损坏的电位器会表现出诸如音频电路中出现噪声,受控参数出现异常情况等明显迹象。

电位器内部的滑线电阻触头变脏或受腐蚀时,用一些喷雾型的非剩余清洁剂就能清除。大多数电位器都是封闭在金属盒子里的,清洁剂可沿着轴或在盒子中其他裸露部位进行喷洒。把清洁剂喷在里面之后,轴必须旋转几次才能完成整个清洗环节,这种方式也能清除积累在电阻丝上的灰尘。

电容器

电容器,简称为电容,也是一种最基本、最常用的元器件。电容器按其电容量是否可调,分为固定电容器和可变电容器;按其介质材料的不同,又可分为纸介电容器、金属化纸介电容器、聚苯乙烯电容器、涤纶电容器、瓷介电容器、玻璃釉电容器等多种。

1. 电容器的型号

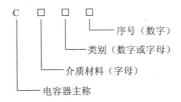

电容器的型号由 4 部分组成,第一部分用字母"C"表示电容器的主称,第二部分用字母表示电容器的介质材料,第三部分用数字或字母表示电容器的类别,第四部分用数字表示序号。电容器型号中,第二部分介质材料字母代号的意义见表 4.4,第三部分类别代号的意义见表 4.5。

表 4.4　电容器型号中介质材料代号的意义

字母代号	A	B	C	D	E	G	H	I	J	L	N	O	Q	T	V	Y	Z
介质材料	钽电解	聚苯乙烯	高频陶瓷	铝电解	其他材料电解	合金电解	纸膜复合	玻璃釉	金属化纸介	涤纶	铌电解	玻璃膜	漆膜	低频陶瓷	云母纸	云母	纸介

表 4.5　电容器型号中类别代号的意义

代　号	瓷介电容	云母电容	有机电容	电解电容
1	圆　形	非密封	非密封	箔　式
2	管　形	非密封	非密封	箔　式
3	叠　片	密　封	密　封	非固体
4	独　石	密　封	密　封	固　体
5	穿　心		穿　心	
6	支柱等			
7				无极性
8	高　压	高　压	高　压	
9			特　殊	特　殊
G	高功率型	高功率型	高功率型	高功率型
J	金属化型	金属化型	金属化型	金属化型
Y	高压型	高压型	高压型	高压型
W	微调型	微调型	微调型	微调型

2. 电容器的种类与作用

从原理上来说,两块金属板之间加入绝缘体就构成了电容器,两块金属板称为电极。电容的单位为法［拉］(F),简称法;10^{-12} 法［拉］记为 pF (读作皮法);10^{-6} 法［拉］记为 μF(读作微法)。当制作电子电路时,常用电容量为 μF 级和 pF 级的电容器。在电子电路中,电容器的符号如图 4.4 所示。电容器可分为有极性的和无极性的。电解电容器采用糊状电解液作为绝缘体,是有极性的,硬件安装时要注意其极性的正负。表 4.6 列出了电容器的种类和特点。在表中的"特点"一栏中,所谓高频用是指采用这种电容器可以很方便地滤除高频噪声。例如,当电动机旋转时,就会产生这种高频噪声。要想除去这种噪声,可以在电动机电源的负极侧和正极侧分别用高频电容器(例如,钛电容器)对机壳接地。所谓低频用是指采用这种电容器可以很方便地滤除低频信号的脉动(波纹)。在电解电容器中,电容量较大的可用来除去混在电气控制信号中的低频脉动。下面,介绍电容器所具有的功能(作用)。

(a) 一般电容器　　　　　　(b) 电解电容器

图 4.4　电容器的符号

表 4.6　电容器的种类与特点

名　称	外　观	特　点
电解电容器 CA、CE 型		因为有极性,在硬件装配时应注意正负。低频用时,常用 1～10 000μF 的较大电容量的电容器来滤除电信号的低频脉动
云母电容器 CM 型	色标	价格较高,但精度、温度特性、耐热性、寿命等均较好,可用于对可靠性和稳定性要求较高的电子装置。高频用时,电容量较小(0.0001～1μF),耐电压范围为 50～2000V
纸介电容器 CP 型	CP 0.01μF	作为一般用途电容器而得到广泛应用。当电容量为 0.01～1μF 时,在人耳可听声音的频率范围内(200Hz～20kHz),可有效使用
陶瓷电容器 CC、CK、CG 型	104Z 103	电容量从 1pF～1μF,最高耐电压可达 10 000V,有温度补偿型、高电容率型和半导体型 3 种类型,常用于高频滤波
MP(金属化纸) 电容器	250/1.0K	电容量从 0.001μF～0.01F,最高耐电压为 500V。与纸介电容器相比,体积小、重量轻、价格便宜、可靠性高。常用于电容分相电动机
薄膜电容器 CF、CQ 型	102K 224K	绝缘薄膜可采用精度较高的聚苯乙烯、价格便宜的聚丙烯或者温度特性良好的聚碳酸酯。与纸介电容器和云母电容器相比,体积小,电气性能优良。电容量从 0.0001～10μF,最高耐电压为 500V

① 能量储存。电容器具有使半波整流的脉动输入电流平滑(滤波)的功能,如图 4.5 所示。据此,可以把交流电变换成直流电。例如,为了使计算机或电子装置在 AC 100V 的普通电源下稳定工作,可利用半波整流和电解电容器做成直流稳定电源供电。这种结构也常用于 3 端稳压器。此外,电容量较大的电容器也常用来储存能量。

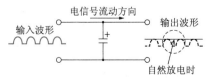

图 4.5　经半波整流的输入电流平滑(滤波)功能

② 改变相位。利用电容器可以改变电路中电流的相位。例如,图 4.6中为了改善电动机的启动性能或运行性能,可以利用电容器使两相绕组中的交流电流在时间上产生一个接近 90°的相位差。这种类型的电动机称为单相感应电动机或者单相电容电动机。当把辅助绕组回路中的电容器换接到主绕组回路时,可以改变电动机的旋转方向。

③ 通过交流电流。电容器可以使交流信号通过,而对直流电流起阻断作用,如图 4.7 所示。

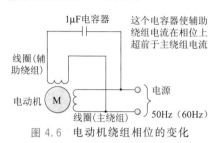

图 4.6　电动机绕组相位的变化

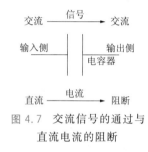

图 4.7　交流信号的通过与
直流电流的阻断

④ 高频电流的旁路。高频电流旁路功能属于前述的高频用电容器功能。图 4.8 示出了把直流电路中的高频交流成分通过电容器直接接地的旁路滤波电路。这种电容器称为旁路电容器,常在 AM 收音机中用于滤除载波。为了信号传输上的方便,在直流电路中,常常在直流电流上叠加上一个高频交流电流(载波),因此旁路电容器是很重要的。

⑤ 过电压抑制。图4.9中,当开关闭合或者分断时,在继电器的线圈上都将产生感应电动势(冲击电压)。这种感应电动势将使继电器触点因产生电弧而烧坏。利用电容器可以吸收感应电动势,起到消除电弧的作用,称为过电压抑制或浪涌抑制。电容器可以使感应电动势按图中箭头

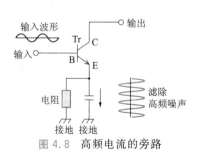

图 4.8　高频电流的旁路

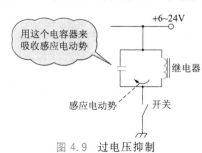

图 4.9　过电压抑制

方向流动,使之不直接作用到开关上,也就消除了感应电动势对开关触点的不利影响。

⑥ 防止噪声。旁路电容器也可用于防止噪声,同时还可用于防止浪涌和过电压。也就是说,设置旁路电容器可以消除来自外部的通过各种路径侵入的噪声。图4.10示出了数字IC和印制电路板关于噪声的对策。

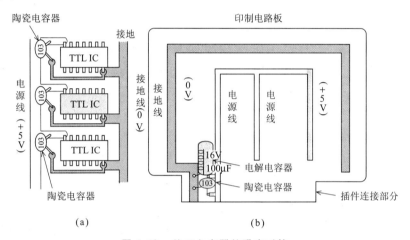

（a）　　　　　　　　　　　　（b）

图 4.10　基于电容器的噪声对策

图4.10(a)示出了防止数字IC和LSI本身产生噪声的方法,应在每一个IC的电源端并入一个0.01μF的陶瓷电容器。图4.10(b)示出了防止印制电路板从电源输入端侵入噪声的方法,可以在电源输入端并接一个1μF的电解电容器和一个0.1μF的陶瓷电容器。

3. 电容器的检测

电容器的检测需用专门的电桥来进行,电工人员可用万用表进行粗略的检测,判断其好坏。有的万用表设有测量电容器的挡,可将电容器的两个端线接入指定的插座,指针指示电容值。对于无此挡的万用表,可使用电阻挡,利用电容器充放电的特性,大致判断电容器的好坏,与已知容量的电容器相比较,估计其电容量。下面介绍用万用表电阻挡检测电容器的方法。

① 几千pF～0.1μF小容量电容器的检测。使用万用表大电阻挡,如500型万用表的"R×10k"挡。将电容器两端线分别与万用表两表笔相

连。

• 电容器正常。表针稍摆动一个小角度后复位,对调两个表笔位置重复测量,仍出现上述现象。

• 电容器短路。表针指零或摆动幅度较大,且不复位。

• 电容器开路。表针完全不动,对调两表笔位置测量,仍然不动。

对于几千pF小容量电容器,如果使用万用表"R×100k"挡检测,指针摆动明显,判断结果更可靠。

② 0.1μF~1μF电容器的检测。0.1μF~1μF电容器的检测可以参照上述检测方法进行,使用万用表的"R×10k"挡。不同的是测量正常电容器时,指针的摆动角度明显增大,并能复位。短路和断路现象与上述相同。

③ 电解电容器的检测。电解电容器的电容量都较大,都在1μF以上,与一般电容器不同的是有正极和负极之分。在检测时先将电解电容器两端短接放电,然后用万用表的"R×1k"挡,使黑表笔与电容器正极相连,红表笔与电容器负极相连,如图4.11所示。

• 电容器正常。指针有较大的摆动,然后慢慢复位。

• 电容器短路。指针指零或接近于零,并且不复位。

• 电容器开路。指针完全不动或稍动一点且不复位。

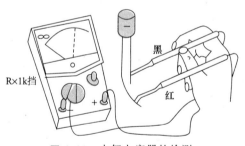

图4.11 电解电容器的检测

④ 电解电容器的极性判定。当电解电容器极性标记不清时,可用测量其正、反向绝缘电阻的方法来判别,其方法是用万用表"R×1k"挡测出电解电容器的绝缘电阻,将红、黑表笔对调后再测出第二个绝缘电阻。两次测量中,绝缘电阻较大的那一次,黑表笔所接为电解电容器的正极,红表笔所接为电解电容器的负极。

4.3 二极管

1. 二极管的型号

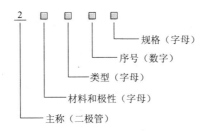

国产二极管的型号由五部分组成,第一部分用数字"2"表示二极管,第二部分用字母表示材料和极性,第三部分用字母表示类型,第四部分用数字表示序号,第五部分用字母表示规格,二极管型号的意义见表4.7。

表 4.7 二极管型号的意义

第一部分	第二部分	第三部分	第四部分	第五部分
2	A:N 型锗材料	P:普通管	序　号	规格(可缺)
	B:P 型锗材料	Z:整流管		
	C:N 型硅材料	K:开关管		
	D:P 型硅材料	W:稳压管		
	E:化合物	L:整流堆		
2		C:变容管	序　号	规格(可缺)
		S:隧道管		
		V:微波管		
		N:阻尼管		
		U:光电管		

2. 二极管的工作原理与特性

图 4.12 示出了二极管的工作原理。可以看出,由 P 型半导体和 N 型半导体构成了 PN 结,这种 PN 结形成了电位势垒。当图 4.12(a)中的

开关分断(OFF)时,电位势垒处于截止状态;当开关闭合(ON)时,电位势垒被削弱,空穴和电子载流子可以顺畅地越过 PN 结的电位势垒,从而形成正向电流,如图 4.12(b)所示。改变外加电源电压的大小和方向,可以得到二极管的电流-电压特性,如图 4.13 所示。可以看出,当施加正向电压时,二极管中可以顺畅地流过正向电流;而施加反向电压时,二极管基本上无电流流过。因此可以说,二极管是一种具有单向导电性的半导体元件。

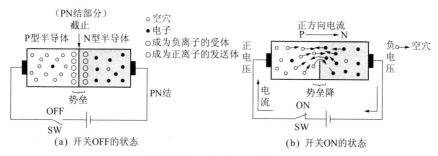

图 4.12　二极管的工作原理

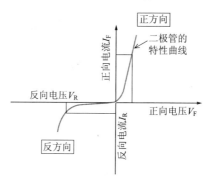

图 4.13　二极管的电特性

3. 普通二极管

前面介绍了二极管的工作原理和基本特性。图 4.14 示出了普通二极管的外观及其在电路中的图形符号。下面说明二极管特性的简易测试方法。识别二极管的阴极或阳极的方法如图 4.14(a)所示,仔细观察二极管,有环形线条标记的一侧即为二极管的阴极;显然,另一侧为二极管的阳极。对于普通电阻器来说,流过电流的大小与引线的接线方向无关。但二极管是一种只允许电流单方向导通的元件,称为二极管的单向导电性,因此二极管的两个引线是有极性的,不能随意连接。可以用万用表作简单测试,如图4.14(c)所示。把红表笔插到万用表的正端子,黑表笔插到万用表的负端子,把万用表的选择开关旋到"R×1k"电阻挡,使图4.14(b)的K端与黑表笔接触,A端与红表笔相接触,这时万用表的指针将如图中箭头所指的那样,立刻从零摆向无穷大(∞),说明这时二极管的电阻为无穷大,二极管中将没有电流流过[1],这时二极管承受的是反向电压。

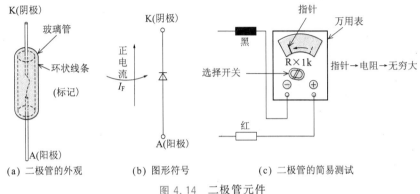

(a) 二极管的外观   (b) 图形符号   (c) 二极管的简易测试

图 4.14 二极管元件

4. 二极管的功能

① 整流作用。图4.15示出了交流电源的交流波形经过二极管之后,变成了谷底部分消失而只剩下正半波的半波波形。把电流方向正负变化的交流电变换成电流只在一个方向上流动的直流电称为整流,能完成整流作用的元件称为整流器。整流器所构成的电路称为整流电路,整流电路常用作电源电路。

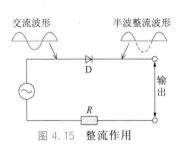

图 4.15 整流作用

② 检波作用。二极管还具有检波功能。所谓检波就是把声音等信号从调制波中提取出来。为了便于声波等的传送,常把声波承载在一种频率很高的调制波上面,这种调制波称为载波。声波就是人耳能听到的声音信号,声波的闻域频率[1]范围在200Hz~20kHz;载波频率通常在

---

1) 实际上,由于二极管的反向电阻不可能是无穷大,因此二极管中仍然要流过漏电流。

100kHz 以上。要想把200Hz～20kHz的声音信号通过广播电台传送到千家万户,不借助于载波的调制作用是不行的。把200Hz～20kHz的声波信号与载波信号加以合成的操作称为调制,如图 4.16(a)所示;相反,把两种信号分离的操作称为解调,也称为检波,如图 4.16(b)所示。

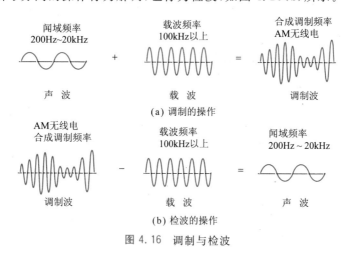

(a) 调制的操作

(b) 检波的操作

图 4.16 调制与检波

③ 浪涌抑制。图 4.17(a)所示为电磁继电器电路。当开关闭合时,在继电器的线圈中,将感应出图 4.17(c)所示的幅值为几倍到十倍于额定电流的脉冲状(冲击)电流(也称为瞬态电流),这种现象称为浪涌。图

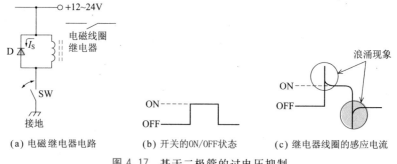

(a) 电磁继电器电路 (b) 开关的ON/OFF状态 (c) 继电器线圈的感应电流

图 4.17 基于二极管的过电压抑制

4.17(a)中的二极管就可以起到使这种冲击电流不流经开关(电磁继电器

---

1) 所谓闻域频率,就是人耳能听到声音的频率范围。

的触点或电子开关)的作用,称为浪涌抑制,这种二极管也常称为续流二极管。在续流二极管的保护下,继电器的触点可以避免浪涌电流的冲击而正常工作。应该指出,当选择续流二极管时,其反向耐压应留有充分的余量。

5. 发光二极管

图 4.18 示出了发光二极管(LED)的外观及其图形符号。当使用发光二极管时,应特别注意其极性要接对。从外观上可识别引脚的极性,其方法是可从引脚的粗细、引脚的长短、引脚的位置等方面来加以区分,区分的要点是阴极的引脚比阳极的粗而短,同时其位置居中。

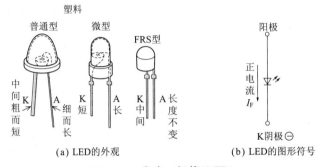

(a) LED的外观   (b) LED的图形符号

图 4.18 发光二极管(LED)

图 4.19 示出了发光二极管与电源相连接时所用保护(限流)电阻的确定方法。以电源电压为 5V 举例,显然若没有电阻 R,则 LED 将会因电流过大而烧掉。因此,必须在回路中串联一个适当的电阻。一般情况下,LED 的管压降约为 2V,有 $10\sim20\text{mA}$ 的正电流流过时,LED 正常发光;当电流大于上述范围时,LED 就可能损坏。要想让 LED 正常发光,一般 10mA 左右的正向电流就已经足够了。可以利用图 4.19 中的公式来计算所需电阻 R 的值。例如,要使 LED 的电流值不大于 10mA,只需使电阻 R 值不小于 300Ω 就可以了。电用眼睛是看不到的,因此是很危险的。但若在电路中设置了 LED,电路中有没有电流就一目了然了。

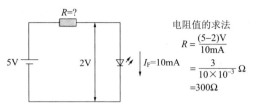

图 4.19　LED 保护电阻值的确定

6. 二极管的检测

常用二极管有锗材料和硅材料两种。锗材料二极管多用于检波，如 2AP 系列；硅材料二极管多用于整流、稳压，如 2CP 系列、2CZ 系列和 2CW 系列。二极管的正向电阻小，反向电阻大。锗材料的电阻小，硅材料的电阻大。通过对二极管正反向电阻的测量，可大致判定二极管的好坏和极性。

① 二极管好坏的判定。二极管正反向电阻差越大越好，二者接近说明二极管已损坏。检测锗二极管时，万用表置"R×1k"挡。

• 二极管正常：万用表黑表笔与二极管正极相连，红表笔与二极管负极相连，呈正接，电阻值应在 3kΩ 以下；黑表笔与二极管负极相连，红表笔与正极相连，呈反接，指针应基本不动，如图 4.20 所示。

• 二极管短路：万用表红黑表笔分别与二极管正负极相连，指针趋于零点，红黑表笔互换位置，指针仍指零点。

• 二极管断路：万用表红黑表笔分别与二极管正负极相连，指针不动或基本不动。

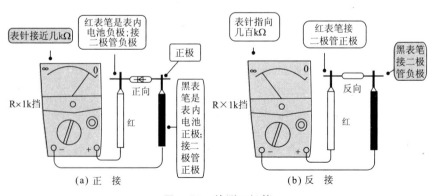

图 4.20　检测二极管

检测硅二极管时,将万用表置于"R×10k"挡进行如上操作,正常硅二极管的正向电阻值应小于 $10k\Omega$,反向测量指针基本不动。如用"R×1k"挡测量其反向电阻,指针应不动。

② 二极管极性的判定。二极管极性标记不清时,可用万用表电阻挡来判定。将万用表置"R×1k"挡,两只表笔与二极管两端相连测量电阻值;表笔对调再测量一次。其中测得电阻值较小时,为二极管正向电阻,这时黑表笔相连的二极管接线端为二极管正极,红表笔相连一端为负极。测得电阻值较大时,黑表笔所接为负极,红表笔所接为正极。

特别指出,用数字式万用表判别二极管极性时,红黑表笔所反映的极性与普通指针式万用表红黑表笔所反映的极性正好相反。用数字式万用表检测二极管时,将万用表的选择开关置于电阻挡有二极管标记处,红黑表笔与二极管两端线相连,呈小电阻值时,红表笔所接为二极管正极,黑表笔所接为负极;呈大电阻值时,正好相反。

4.4 三极管

1. 三极管的型号

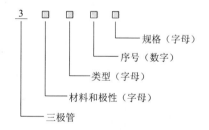

国产三极管的型号由五部分组成,第一部分用数字"3"表示三极管,第二部分用字母表示材料和极性,第三部分用字母表示类型,第四部分用数字表示序号,第五部分用字母表示规格,三极管型号的意义见表4.8。

表 4.8　三极管型号的意义

第一部分	第二部分	第三部分	第四部分	第五部分
3	A：PNP 型锗材料	X：低频小功率管	序　　号	规格（可缺）
	B：NPN 型锗材料	G：高频小功率管		
	C：PNP 型硅材料	D：低频大功率管		
	D：NPN 型硅材料	A：高频大功率管		
	E：化合物材料	K：开关管		
		T：闸流管		
		J：结型场效应管		
		O：MOS 场效应管		
		U：光电管		

2. 普通三极管的种类与工作原理

三极管是以硅（Si）或锗（Ge）为主要材料的小型固体半导体元件。三极管可分为 NPN 型和 PNP 型两种[1]，如图 4.21 所示。两种类型的区别主要在于基极-发射极电流的方向不同，NPN 型三极管的基极-发射极电流从基极流向发射极，而 PNP 型则恰好相反，是从发射极流向基极。

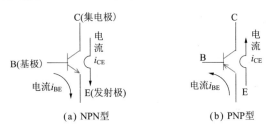

(a) NPN型　　　　　　　　(b) PNP型

图 4.21　NPN 型与 PNP 型的区别

对于 NPN 型三极管来说，发射极是产生载流子（空穴或电子）并形成电流的电极。基极则是把载流子从发射极拉出来，起使之加速的作用。基极是施加输入信号的电极（端子）。集电极是把载流子聚集起来的电极，起耐电压阻抗的作用，是获得输出信号的电极。

晶体三极管种类很多，根据用途可以有很多种分类方法。普通常见的小型三极管主要用于高频电路，而大功率三极管则主要用于高电压、大

---

1) NPN 型和 PNP 型三极管统称为结型晶体管。

电流的场合。表 4.9 列出了常用三极管的外观与特点。电子电路中常用的是环氧树脂封装型三极管。从外观上可以看出,三极管有 3 个引脚,那么如何判断哪一个引脚是哪一个极呢? 在表4.9的"外观"一栏中示出了三极管引脚的判断方法。以环氧树脂封装型为例,把三极管的正面(平坦面或印有文字一面)面向自己,引脚的极性从左向右依次为 E、C、B,即左端的引脚为发射极,中间的引脚为集电极,右端的引脚为基极。一般来说,上述三极管引脚的识别方法是通用的,但是也有制造商采用了不同的引脚位置,因此使用者要养成查阅产品说明的习惯。

表 4.9　常用三极管的外观与特点

名　　称	外　　观	特　　点
环氧树脂封装型	E C B　E C B	应用最广,可用于信号的放大、振荡、调制以及功率放大等,主要用于高频电路
金属壳封装型(1)	发射极标记　B C E	主要用于高频放大、高频开关、功率放大(1kW 以下)等普通电路
金属壳封装型(2)	C　B E	大功率放大、低频放大、低频无触点开关,也常用于继电器驱动电路以及电源电路等

图 4.22 示出了利用万用表来测试三极管是 PNP 型还是 NPN 型的方法。首先,把万用表的选择开关旋到"R×1k"挡[1]。需要指出,红表笔所接的正端子是万用表内部电池的负极;而黑表笔所接的负端子则是万用表内部电池的正极。当测试两种不同类型的三极管时,与发射极和基极接触的表笔的颜色正好相反,由此就可以判断出,该三极管究竟是PNP 型还是 NPN 型了。

---

1) 由于三极管的基极-发射极之间不允许流过太大的(因万用表内部电池产生的)电流,因此用 1kΩ 电阻挡比较合适。

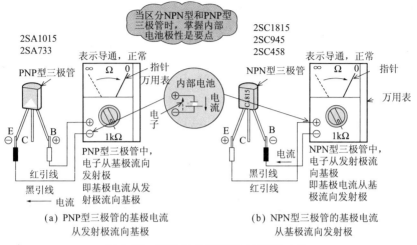

图 4.22　用万用表来测试三极管的方法

3. 三极管的功能

① 放大作用。在图 4.23(a)中,当电源电压为 12～24V 时,若从基极输入一个幅值大于 0.7V 的小电压信号,则从输出端可以输出一个被放大了的电压信号(12～24V),这种放大作用称为电压放大或功率放大。利用三极管也可以进行电流放大,如图 4.23(b)所示,当在基极和发射极之间施加一个小电压信号时,基极-发射极之间就会有电流 I_{BE} 流过,这时如果集电极已经预先施加了电压(称为偏置电压),则 I_E 就会像打开了闸门一样,流过集电极-发射极电流 I_{CE}。电流 I_{CE} 可以是电流 I_{BE} 的几十至几百倍,这就是三极管的电流放大作用。两个电流之比 I_{CE}/I_{BE} 称为电流放大系数[1]。这种电流放大功能是三极管最为重要的功能。传动装置驱动电路的达林顿连接就是利用了三极管的这种电流放大作用。

② 开关作用。在图 4.24(a)中,当输入电压为 0V 时,基极-发射极之间的电流 I_{BE} 为零,因此集电极-发射极之间的电流亦为零。这时,三极管的集电极与发射极之间相当于开关的 OFF 状态,集电极输出电压 V_{OUT} 就等于电源电压的 +12V。在图 4.24(b)中,当输入电压为 0.7V 以上时,基极-发射极之间有电流 I_{BE} 流过。这个 I_{BE} 就像一个闸门打开一样,

---

1) 电流放大系数常用 h_{FE} 表示;它是三极管达林顿连接的重要参数。

使集电极-发射极之间流过了电流 I_{CE}。也就是说,集电极电流 I_{CE} 从供电电源经集电极和发射极流入"地"。这时,相当于集电极-发射极之间开关的 ON 状态,集电极输出电压 V_{OUT} 下降到近似为 0V(即与接地的状态相同)。这种状态称为三极管的饱和导通状态,而前面的 OFF 状态则称为三极管的关断状态。

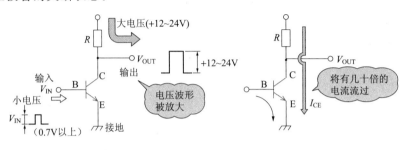

（a）电压放大　　　　　　　　　　　　（b）电流放大

图 4.23　三极管的放大作用

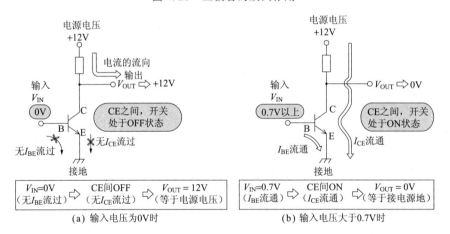

（a）输入电压为0V时　　　　　　　（b）输入电压大于0.7V时

图 4.24　三极管开关作用的工作原理

③ 振荡作用。利用三极管可以产生正弦交流信号或脉冲信号,称为三极管的振荡作用。这种振荡作用是在三极管的基极、发射极和集电极的端子上接入适当的电容器和电阻或者线圈而产生的。大体上可分为 LC 振荡器、RC 振荡器和石英晶体振荡器 3 种。其中,LC 振荡器可分为各种调谐型、哈特莱型、科尔皮兹型等;RC 振荡器有移相型、特尔曼型和 T 型等;石英晶体振荡器则有皮尔斯型、谐波型等。要想对晶体管振荡

有进一步的了解,请参阅有关书籍。

4. 光电三极管

光电三极管是一种在光的照射下,产生与光通量相对应电流的半导体元件。其基本工作原理就是光电效应[1]。当光电二极管 PN 结受到光照射时,将产生与入射光相应的光电流。图 4.25 示出了光电三极管的图

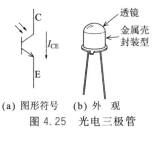

(a) 图形符号　　(b) 外　观

图 4.25　光电三极管

形符号与外观。观察图 4.25(a)所示的图形符号可以看出,这种元件与其说是三极管,倒不如说是二极管更合适,即该元件可以看作以上述入射光作为基极的发射极接地型三极管。光电三极管的光电流探测方法有以下两种,即光电流直接探测法以及首先把光电流变换成电压,然后进行探测的方法。一般多

采用第二种方法,如图 4.26(a)、图 4.26(b)所示,即依靠图中所示的集电极负荷或发射极负荷来探测电压。图 4.26(c)示出了光电三极管的一种应用。

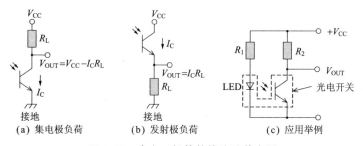

(a) 集电极负荷　　　　(b) 发射极负荷　　　　(c) 应用举例

图 4.26　光电三极管的接法及其应用

光电三极管的特点主要有无触点、长寿命、高速信号(μs 级)时的高可靠性、体积小、价格便宜等。在机电一体化系统中,光电三极管是一种重要的传感器。作为光电三极管的应用,除上述光电开关以外,还广泛用于光电耦合器。光电耦合器首先利用光电二极管把输入的电信号变换成光信号,然后由光电三极管把光信号变换成电信号输出。光电耦合器作

---

1) 所谓光电效应是指当光照射到物质上时,物质将吸收光能量,并引起该物质发生电变化的一种物理现象。当光照射到物质上时,从物质中放出电子的现象称为光电子放出效应;物质产生电动势的现象称为光电动势效应;使电传导度(阻抗值)发生变化的现象称为光电导效应。

为一种高绝缘元件而得到了广泛应用。

5. 三极管的检测

三极管具有两个 PN 结,按其结构组成有 PNP 型和 NPN 型两种,所用材料分锗材料和硅材料。下面介绍几类常见三极管的检测方法。

① PNP 型锗材料三极管的检测。PNP 型锗材料三极管包括 3AX 系列、3AG 系列、3AD 系列等,通常用万用表"R×1k"电阻挡来进行检测。

• 三极管好坏的粗略判定。

三极管正常:万用表的黑表笔接三极管的发射极 E,红表笔接基极 B,其阻值约为几 kΩ;黑表笔接集电极 C,红表笔接基极 B,其阻值也约为几 kΩ;黑表笔接发射极 E,红表笔接集电极 C,其阻值约为几 kΩ;红黑表笔对调重复上述测量,其阻值在几十 kΩ 以上。上述测试结果表明三极管基本上是好的。

三极管短路:用万用表分别测量发射极 E、基极 B,集电极 C、基极 B,发射极 E、集电极 C 的电阻,其中有一组正反向两次测量的阻值都为零或趋于零,表明三极管短路。

三极管断路:用万用表分别测量发射极 E、基极 B,集电极 C、基极 B,发射极 E、集电极 C 的电阻,其中有一组正反向两次测量的阻值都趋于无限大,表明三极管断路。

• 三极管管脚的判定。

判别基极 B:用万用表红表笔依次与三极管三个极相连,用黑表笔分别接触其他两个极。当红表笔所连的极与黑表笔所接触的其他两个极都出现较小电阻值时,红表笔所连的极即为三极管基极 B。

判别发射极 E、集电极 C:用红黑表笔分别测量其余两个极,测量电阻值较小时,黑表笔所连的极为发射极 E,红表笔所连的极为集电极 C;测量电阻值较大时,黑表笔所连为集电极 C,红表笔为发射极 E。

② NPN 型硅材料三极管的判定。NPN 型硅材料三极管包括 3DG 系列、3DD 系列等,通常用万用表"R×10k"挡进行检测。

• 三极管好坏的粗略判定。

三极管正常:万用表的红表笔接发射极 E,黑表笔接基极 B,其阻值在 10kΩ 以下,表笔对调,呈现大阻值;红表笔接集电极 C,黑表笔接基极 B,其阻值在 10kΩ 以下,表笔对调,指针基本不动;红表笔接发射极 E,黑表笔接集电极 C,表针基本不动,对调表笔,呈现大阻值。上述测试结果表明三极管基本是好的。

三极管短路:用万用表分别测量三极管发射极 E、基极 B、集电极 C 之间的电阻值,如果某两极间出现正反向测量值都趋近于零,表明三极管短路。

三极管断路:用万用表分别测量三极管发射极 E、基极 B、集电极 C 之间的电阻值,如果某两极间出现正反向的测量值都趋于无限大,表明三极管断路。需说明的是,发射极 E、集电极 C 之间正反向电阻值之差不如锗材料三极管明显,检测时应注意。

• 三极管管脚的判定。

判定基极 B:将黑表笔依次与三极管三个极相连,用红表笔接触其他两极,当同时出现较小电阻值时,黑表笔所连的极为三极管的基极 B。

判定发射极 E、集电极 C:用红黑表笔对调测发射极 E、集电极 C 之间的电阻值,其中电阻值较大时,黑表笔所接的管脚为集电极 C,红表笔所接的管脚为发射极 E。

另外,也可以利用人体实现偏置,判别发射极 E、集电极 C。方法是用双手分别捏紧两个表笔的金属部分和三极管的发射极 E、集电极 C,然后用舌尖接触三极管的基极 B。人体电阻作为三极管的偏置电阻,使万用表的指针向小阻值一侧偏转。将红黑表笔对调,重复上述测量。比较万用表指针两次的偏转角,其中偏转角较大的一次,黑表笔所接的是三极管集电极 C,红表笔所接为发射极 E,如图 4.27 所示。

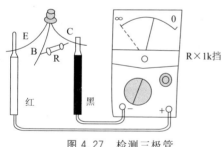

图 4.27　检测三极管

除了 PNP 型锗材料三极管、NPN 型硅材料三极管,常见的还有 PNP 型硅材料三极管(如 3CG 系列)和 NPN 型锗材料三极管(如 3BX 系列)。PNP 型硅材料三极管的检测可将万用表置"R×10k"挡,参照 PNP 型锗材料三极管的检测进行。NPN 型锗材料三极管的检测可将万用表置"R×1k"挡,参照 NPN 型硅材料三极管的检测进行。

第5章

常用电气元器件故障检修

主令电器

● 5.1.1　按钮开关

按钮开关又叫按钮或控制按钮,是一种短时接通或断开小电流电路的电器,它不直接控制主电路的通断,而在控制电路中发出"指令"去控制接触器、继电器等电器,再由它们去控制主电气回路,其内部结构如图5.1所示。按钮开关的触点允许通过的电流一般不超过 5A。

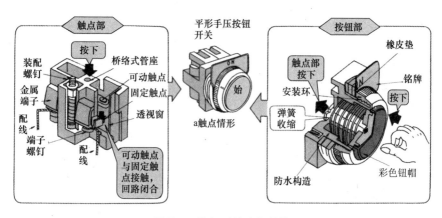

图 5.1　按钮开关内部结构

按钮开关按用途和触头的结构不同分为停止按钮(常闭按钮)、启动按钮(常开按钮)和复合按钮(常开和常闭组合按钮)。

1. 按钮开关的型号

常用按钮的型号含义为:

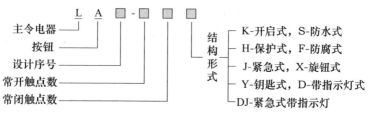

2. 按钮开关的主要技术参数

常用按钮开关的主要技术参数见表5.1。

表 5.1　常用按钮开关的主要技术参数

| 型　号 | 额定电压/V | 额定电流/A | 结构形式 | 触点对数(副) | | 按钮数 | 按钮颜色 |
				常开	常闭		
LA2			元件	1	1	1	黑、绿、红
LA10-2K			开启式	2	2	2	黑、绿、红
LA10-3K			开启式	3	3	3	黑、绿、红
LA10-2H			保护式	2	2	2	黑、绿、红
LA10-3H			保护式	3	3	3	红、绿、红
LA18-22J	500	5	元件(紧急式)	2	2	1	红
LA18-44J			元件(紧急式)	4	4	1	红
LA18-66J			元件(紧急式)	6	6	1	红
LA18-22Y			元件(钥匙式)	2	2	1	本色
LA18-44Y			元件(钥匙式)	4	4	1	本色
LA18-22X			元件(旋钮式)	2	2	1	黑
LA18-44X			元件(旋钮式)	4	4	1	黑
LA18-66X			元件(旋钮式)	6	6	1	黑
LA19-11J			元件(紧急式)	1	1	1	红
LA19-11D			元件(带指示灯)	1	1	1	红、绿、黄、蓝、白

3. 按钮开关的选用

① 根据使用场合选择按钮的种类。

② 根据用途选择合适的形式。

③ 根据控制回路的需要确定按钮数。

④ 根据工作状态指示和工作情况要求选择按钮和指示灯的颜色。

4. 按钮开关的安装和使用

① 将按钮安装在面板上时,应布置整齐,排列合理,可根据电动机启动的先后次序,从上到下或从左到右排列。

② 按钮的安装固定应牢固,接线应可靠。应用红色按钮表示停止,

绿色或黑色表示启动或通电,不要搞错。

③ 由于按钮触点间距离较小,如有油污等容易发生短路故障,因此应保持触点的清洁。

④ 安装按钮的按钮板和按钮盒必须是金属的,并设法使它们与机床总接地母线相连接,对于悬挂式按钮必须设有专用接地线,不得借用金属管作为地线。

⑤ 按钮用于高温场合时,易使塑料变形老化而导致松动,引起接线螺钉间相碰短路,可在接线螺钉处加套绝缘塑料管来防止短路。

⑥ 带指示灯的按钮因灯泡发热,长期使用易使塑料灯罩变形,应降低灯泡电压,延长使用寿命。

⑦ "停止"按钮必须是红色;"急停"按钮必须是红色蘑菇头式;"启动"按钮必须有防护挡圈,防护挡圈应高于按钮头,以防意外触动使电气设备误动作。

5. 按钮开关的常见故障及检修方法

按钮开关的常见故障及检修方法见表5.2。

表5.2 **按钮开关的常见故障及检修方法**

故障现象	产生原因	检修方法
按下启动按钮时有触电感觉	① 按钮的防护金属外壳与连接导线接触 ② 按钮帽的缝隙间充满导电体物,使其与导电部分形成通路	① 检查按钮内连接导线,排除故障 ② 清理按钮及触点,使其保持清洁
按下启动按钮,不能接通电路,控制失灵	① 接线头脱落 ② 触点磨损松动,接触不良 ③ 动触点弹簧失效,使触点接触不良	① 重新连接接线 ② 检修触点或更换按钮 ③ 更换按钮
按下停止按钮,不能断开电路	① 接线错误 ② 尘埃或机油、乳化液等流入按钮形成短路 ③ 绝缘击穿短路	① 更正错误接线 ② 清扫按钮并采取相应密封措施 ③ 更换按钮

● 5.1.2 限位开关

限位开关又叫行程开关或位置开关,其作用与按钮开关相同,只是触点的动作不靠手动操作,而是用生产机械运动部件的碰撞使触点动作来实现接通或分断控制电路,达到一定的控制目的。

通常,这类开关被用来限制机械运动的位置或行程,使运动机械按一定位置或行程自动停止、反向运动、变速运动或自动往返运动等。

限位开关由操作头、触点系统和外壳组成。可分为按钮式(直动式)、旋转式(滚动式)和微动式三种,其外形和结构如图5.2所示。

图5.3是限位开关的动作原理图。

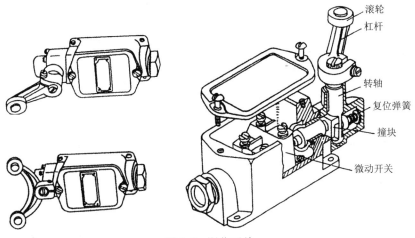

图5.2 限位开关

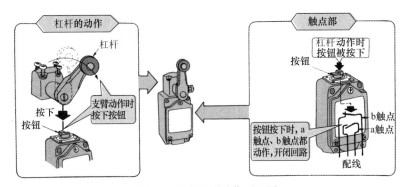

图5.3 限位开关动作原理图

1. 限位开关的型号

LX系列限位开关的型号含义为:

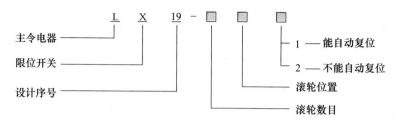

2. 限位开关的主要技术参数

LX19 和 JLXK1 系列限位开关的主要技术参数见表5.3。

表5.3　LX19 和 JLXK1 系列限位开关的主要技术参数

型　号	额定电压/V	额定电流/A	结构形式	触点对数		工作行程	超行程
				常开	常闭		
LX19K			元件	1	1	3mm	1mm
LX19-001			无滚轮,仅用传动杆,能自动复位	1	1	<4mm	>3mm
LXK19-111			单轮,滚轮装在传动杆内侧,能自动复位	1	1	~30°	~20°
LX19-121	交流380 直流220	5	单轮,滚轮装在传动杆外侧,能自动复位	1	1	~30°	~20°
LX19-131			单轮,滚轮装在传动杆凹槽内	1	1	~30°	~20°
LX19-212			双轮,滚轮装在U形传动杆内侧,不能自动复位	1	1	~30°	~15°
LX19-222			双轮,滚轮装在U形传动杆外侧,不能自动复位	1	1	~30°	~15°
LX19-232			双轮,滚轮装在U形传动杆内外侧各一,不能自动复位	1	1	~30°	~15°
JLXK1-111			单轮防护式	1	1	12°~15°	≤30°
JLXK1-211	交流500	5	双轮防护式	1	1	~45°	≤45°
JLXK1-311			直动防护式	1	1	1~3mm	2~4mm
JLXK1-411			直动滚轮防护式	1	1	1~3mm	2~4mm

3. 限位开关的选用

① 根据应用场合及控制对象选择种类。

② 根据机械与限位开关的传力与位移关系选择合适的操作头形式。

③ 根据控制回路的额定电压和额定电流选择系列。

④ 根据安装环境选择防护形式。

4. 限位开关的安装和使用

① 限位开关应紧固在安装板和机械设备上,不得有晃动现象。

② 限位开关安装时位置要准确,否则不能达到位置控制和限位的目的。

③ 定期检查限位开关,以免触点接触不良而达不到行程和限位控制的目的。

5. 限位开关的常见故障及检修方法

限位开关的常见故障及检修方法见表5.4。

表5.4 限位开关的常见故障及检修方法

故障现象	产生原因	检修方法
挡铁碰撞开关,触点不动作	① 开关位置安装不当 ② 触点接触不良 ③ 触点连接线脱落	① 调整开关的位置 ② 清洁触点,并保持清洁 ③ 重新紧固接线
限位开关复位后常闭触点不能闭合	① 触杆被杂物卡住 ② 动触点脱落 ③ 弹簧弹力减退或被卡住 ④ 触点偏斜	① 打开开关,清除杂物 ② 重新调整动触点 ③ 更换弹簧 ④ 更换触点
杠杆偏转后触点未动	① 行程开关位置太低 ② 机械卡阻	① 上调开关到合适位置 ② 清扫开关内部

低压开关及熔断器

◉ 5.2.1 胶盖刀开关

胶盖刀开关又叫开启式负荷开关,其结构简单、价格低廉、应用维修方便。常用作照明电路的电源开关,也可用于5.5kW以下电动机作不频繁启动和停止控制。胶盖刀开关的结构如图5.4所示。

1. 胶盖刀开关的型号

应用较广泛的胶盖刀开关为HK系列,其型号的含义如下:

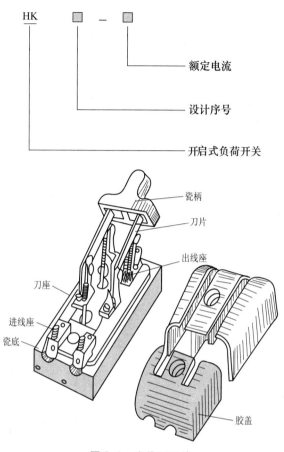

图 5.4 胶盖刀开关

2. 胶盖刀开关的主要技术参数

HK 系列胶盖刀开关的主要技术参数见表 5.5。

3. 胶盖刀开关的选用

① 对于普通负载,选用的额定电压为 220V 或 250V,额定电流不小于电路最大工作电流;对于电动机,选用的额定电压为 380V 或 500V,额定电流为电动机额定电流的 3 倍。

② 在一般照明线路中,瓷底胶盖闸刀开关的额定电压大于或等于线路的额定电压,常选用 250V、220V。而额定电流等于或稍大于线路的额定电流,常选用 10A、15A、30A。

表 5.5 HK 系列胶盖刀开关的主要技术参数

型 号	额定电压 /V	额定电流 /A	极数	可控制电动机功率 /kW	最大分断电流 /A	配用熔丝规格			
						熔丝线径 /mm	成分/%		
							铅	锡	锑
HK1-15	220	15	2	1.1	500	1.45～1.59	98	1	1
HK1-30		30		1.5	1000	2.3～2.52			
HK1-60		60		3.0	1500	3.36～4			
HK1-15	380	15	3	2.2	500	1.45～1.59			
HK1-30		30		4.0	1000	2.3～2.52			
HK1-60		60		5.5	1500	3.36～4			
HK2-10	220	10	2	1.1	500	0.25	含铜量不少于99.9%		
HK2-15		15		1.5	500	0.41			
HK2-30		30		3.0	1000	0.56			
HK2-60		60		4.5	1500	0.65			
HK2-15	380	15	3	2.2	500	0.45			
HK2-30		30		4.0	1000	0.71			
HK2-60		60		5.5	1500	1.12			

4. 胶盖刀开关安装和使用注意事项

① 胶盖刀开关必须垂直安装在控制屏或开关板上,不能倒装,即接通状态时手柄朝上,否则有可能在分断状态时闸刀开关松动落下,造成误接通。

② 安装接线时,刀闸上桩头接电源,下桩头接负载。接线时进线和出线不能接反,否则在更换熔丝时会发生触电事故。

③ 操作胶盖刀开关时,不能带重负载,因为 HK1 系列瓷底胶盖刀开关不设专门的灭弧装置,它仅利用胶盖的遮护防止电弧灼伤。

④ 如果要带一般性负载操作,动作应迅速,使电弧较快熄灭,一方面不易灼伤人手,另一方面也减少电弧对动触点和静夹座的损坏。

5. 胶盖刀开关的常见故障及检修方法

胶盖刀开关的常见故障及检修方法见表5.6。

表 5.6　胶盖刀开关的常见故障及检修方法

故障现象	产生原因	检修方法
熔丝熔断	① 刀开关下桩头所带的负载短路	① 把闸刀拉下,找出线路的短路点,修复后,更换同型号的熔丝
	② 刀开关下桩头负载过大	② 在刀开关容量允许范围内更换额定电流大一级的熔丝
	③ 刀开关熔丝未压紧	③ 更换新垫片后用螺丝把熔丝压紧
开关烧坏,螺丝孔内沥青熔化	① 刀片与底座插口接触不良	① 在断开电源的情况下,用钳子修整开关底座口片使其与刀片接触良好
	② 开关压线固定螺丝未压紧	② 重新压紧固定螺丝
	③ 刀片合闸时合得过浅	③ 改变操作方法,使每次合闸时用力把闸刀合到位
开关烧坏,螺丝孔内沥青熔化	④ 开关容量与负载不配套	④ 在线路容量允许的情况下,更换额定电流大一级的开关
	⑤ 负载端短路,引起开关短路或弧光短路	⑤ 更换同型号新开关,平时要注意,尽可能避免接触不良和短路事故的发生
开关漏电	① 开关潮湿被侵蚀	① 如受雨淋严重,要拆下开关进行烘干处理再装上使用
	② 开关在油污、导电粉尘环境中工作过久	② 如环境条件极差,要采用防护箱,把开关保护起来后再使用
拉闸后刀片及开关下桩头仍带电	① 进线与出线上下接反	① 更正接线方式,必须是上桩头接电源进线,下桩头接负载端
	② 开关倒装或水平安装	② 禁止倒装和水平装设胶盖刀开关

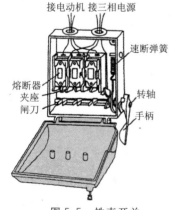

图 5.5　铁壳开关

5.2.2　铁壳开关

铁壳开关又叫封闭式负荷开关,具有通断性能好、操作方便、使用安全等优点。铁壳开关主要用于各种配电设备中手动不频繁接通和分断负载的电路。交流 380V、60A 及以下等级的铁壳开关还可用作 15kW 及以下三相交流电动机的不频繁接通和分断控制。铁壳开关的外形结构如图 5.5 所示。

1. 铁壳开关的型号

常用铁壳开关为 HH 系列,其型号的含义如下:

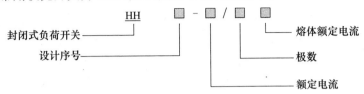

2. 铁壳开关的主要技术参数

常用 HH3、HH4 系列铁壳开关的主要技术参数见表 5.7。

表 5.7 HH3、HH4 系列铁壳开关的主要技术参数

型 号	额定电流/A	额定电压/V	极 数	熔体主要参数		
				额定电流/A	线径/mm	材 料
HH3	15	440	2,3	6	0.26	纯铜丝
				10	0.35	
				15	0.46	
	30			20	0.65	
				25	0.71	
				30	0.81	
	60			40	1.02	
				50	1.22	
				60	1.32	
HH4	15	380	2,3	6	1.08	软铅丝
				10	1.25	
				15	1.98	
	30			20	0.61	纯铜丝
				25	0.71	
				30	0.80	
	60			40	0.92	
				50	1.07	
				60	1.20	

3. 铁壳开关的选用

① 铁壳开关用来控制感应电动机时,应使开关的额定电流为电动机满载电流的 3 倍以上。

② 选择熔丝时要使熔丝的额定电流为电动机额定电流的 1.5~2.5

倍。更换熔丝时,管内石英砂应重新调整再使用。

4. 铁壳开关安装及使用注意事项

① 为了保障安全,开关外壳必须连接良好的接地线。

② 接开关时,要把接线压紧,以防烧坏开关内部的绝缘。

③ 为了安全,在铁壳开关钢质外壳上装有机械联锁装置,当壳盖打开时,不能合闸;合闸后,壳盖不能打开。

④ 安装时,先预埋固定件,将木质配电板用紧固件固定在墙壁或柱子上,再将铁壳开关固定在木质配电板上。

⑤ 铁壳开关应垂直于地面安装,其安装高度以手动操作方便为宜,通常为 1.3～1.5m。

⑥ 铁壳开关的电源进线和开关的输出线,都必须经过铁壳的进出线孔。安装接线时应在进出线孔处加装橡皮垫圈,以防尘土落入铁壳内。

⑦ 操作时,必须注意不得面对铁壳开关拉闸或合闸,一般用左手操作合闸。若更换熔断丝,必须在拉闸后进行。

5. 铁壳开关的常见故障及检修方法

铁壳开关的常见故障及检修方法见表5.8。

表 5.8 **铁壳开关的常见故障及检修方法**

故障现象	产生原因	检修方法
合闸后一相或两相没电	① 夹座弹性消失或开口过大 ② 熔丝熔断或接触不良 ③ 夹座、动触点氧化或有污垢 ④ 电源进线或出线头氧化	① 更换夹座 ② 更换熔丝 ③ 清洁夹座或动触点 ④ 检查进出线头
动触点或夹座过热或烧坏	① 开关容量太小 ② 分、合闸时动作太慢造成电弧过大,烧坏触点 ③ 夹座表面烧毛 ④ 动触点与夹座压力不足 ⑤ 负载过大	① 更换较大容量的开关 ② 改进操作方法,分、合闸时动作要迅速 ③ 用细锉刀修整 ④ 调整夹座压力,使其适当 ⑤ 减轻负载或调换较大容量的开关
操作手柄带电	① 外壳接地线接触不良 ② 电源线绝缘损坏	① 检查接地线,并重新接好 ② 更换合格的导线

◎ 5.2.3 熔断器式刀开关

熔断器式刀开关又叫熔断器式隔离开关,是以熔断体或带有熔断体的载熔件作为动触点的一种隔离开关。常用的型号有 HR3、HR5、HR6 系列,额定电压交流 380V(50Hz),直流 440V,额定电流 600A。熔断器式刀开关用于具有高短路电流的配电电路和电动机电路中,作为电源开关、隔离开关、应急开关,并作为电路保护用,但一般不作为直接开关单台电动机之用。熔断器式刀开关是用来代替各种低压配电装置刀开关和熔断器的组合电器。

1. 熔断器式刀开关的型号

熔断器式刀开关的型号及其含义如下:

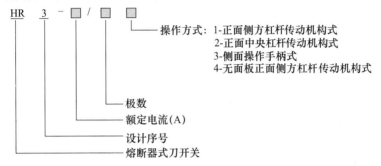

2. 熔断器式刀开关的主要技术参数

HR3 系列熔断器式刀开关的主要技术参数见表5.9。

3. 熔断器式刀开关安装及使用注意事项

① 熔断器式刀开关必须垂直安装。

② 根据用电设备的容量正确选择熔断器的等级(熔体的额定电流)。

③ 接入的母线必须根据熔断体的额定电流来选择,在母线与插座的连接处必须清除氧化膜,然后立即涂上少量工业凡士林,防止氧化。

④ 当多回路的配电设备中有故障时,可以打开熔断器式刀开关的门,检查熔断指示器,从而及时找出有故障的回路,更换熔断器后迅速恢复供电。

⑤ 熔断器式刀开关的门在打开位置时,不得作接通和分断电流操作。

⑥ 在正常运行时,必须经常检查熔断器的熔断指示器,防止线路因一相熔断造成电动机缺相运转。

⑦ 必须定期检修熔断器式刀开关,消除可能发生的事故隐患。

⑧ 熔断器式刀开关的槽形导轨必须保持清洁,防止积污后操作不灵。

表 5.9　HR3 系列熔断器式刀开关的主要技术参数

型　号	刀开关与熔断体额定电流/A	熔断体额定电流/A	刀开关分断能力/A		熔断器分断能力/kA	
			AC 380V cos$\varphi\geqslant$0.6	DC 440V $T\leqslant$0.0045 s	AC 380V cos$\varphi\leqslant$0.3	DC 440V T=0.015～0.02 s
HR3-100	100	30,40,50,60,80,100	100	100	50	25
HR3-200	200	80,100,120,150,200	200	200		
HR3-400	400	150,200,250,300,350,400	400	400		
HR3-600	600	350,400,450,500,550,600	600	600		
HR3-1000	1000	700,800,900,1000	1000	1000	25	

5.2.4　转换开关

转换开关又叫组合开关,也是一种刀开关。不过它的刀片(动触片)是转动式的,比刀开关轻巧而且组合性强,具有体积小、寿命长、使用可靠、结构简单等优点。

转换开关可作为电源引入开关或 5.5kW 以下电动机的直接启动、停止、正反转和变速等的控制开关。采用转换开关控制电动机正反转时,必须使电动机完全停止转动后,才能接通电动机反转电路。每小时的转接次数不宜超过 20 次。转换开关的外形与结构如图 5.6 所示。

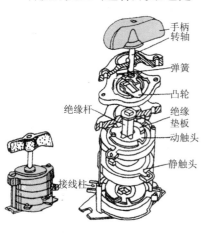

手柄
转轴
弹簧
凸轮
绝缘杆
绝缘垫板
动触头
静触头
接线柱

图 5.6　转换开关

1. 转换开关的型号

常用的转换开关为 HZ 系列，
其型号含义如下：

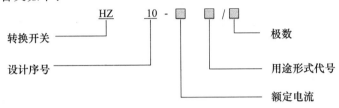

2. 转换开关的主要技术参数

HZ10 系列转换开关的主要技术参数见表 5.10。

表 5.10 HZ10 系列转换开关的技术参数

型　号	额定电压 /V	额定电流 /A	极　数	极限操作电流/A		可控制电动机最大容量和额定电流		额定电压、电流下通断次数 交流 cos φ	
				接通	分断	容量 /kW	额定电流 /A	≥0.8	≥0.3
HZ10-10	直流 220 交流 380	6	单极	94	62	3	7	20 000	10 000
		10	2,3						
HZ10-25		25		155	108	5.5	12		
HZ10-60		60							
HZ10-100		100						10 000	50 000

3. 转换开关的选用

① 转换开关应根据用电设备的电压等级、容量和所需触点数进行选用。

② 用于照明或电热负载时，转换开关的额定电流应等于或大于被控制电路中各负载额定电流之和。

③用于电动机负载时,转换开关的额定电流一般为电动机额定电流的 1.5～2.5 倍。

4. 转换开关安装及使用注意事项

①转换开关应固定安装在绝缘板上,周围要留一定的空间便于接线。

②操作时频率不要过高,一般每小时的转换次数不宜超过15～20 次。

③用于控制电动机正反转时,必须使电动机完全停止转动后,才能接通电动机反转的电路。

④由于转换开关本身不带过载保护和短路保护,使用时必须另设其他保护电器。

⑤当负载的功率因数较低时,应降低转换开关的容量使用,否则会影响开关的寿命。

5. 转换开关的常见故障及检修方法

转换开关的常见故障及检修方法见表 5.11。

表 5.11　转换开关的常见故障及检修方法

故障现象	产生原因	检修方法
手柄转动后,内部触片未动作	① 手柄的转动连接部件磨损 ② 操作机构损坏 ③ 绝缘杆变形 ④ 轴与绝缘杆装配不紧	① 更换新的手柄 ② 打开开关,修理操作机构 ③ 更换绝缘杆 ④ 紧固轴与绝缘杆
手柄转动后,三副触片不能同时接通或断开	① 开关型号不对 ② 修理开关时触片装配得不正确 ③触片失去弹性或有尘污	① 更换符合操作要求的开关 ② 打开开关,重新装配 ③ 更换触片或清除污垢
开关接线桩相间短路	因导电物或油污附在接线桩间形成导电将胶木烧焦或绝缘破坏形成短路	清扫开关或更换开关

◎ 5.2.5　低压断路器

低压断路器又称自动空气开关或自动空气断路器,主要用于低压动力线中,当电路发生过载、短路、失压等故障时,它的电磁脱扣器自动脱扣进行短路保护,直接将三相电源同时切断,保护电路和用电设备的安全。在正常情况下也可用作不频繁地接通和断开电路或控制电动机。

低压断路器具有多种保护功能,动作后不需要更换元件,其动作电流可按需要方便地调整,工作可靠、安装方便、分断能力较强,因而在电路中得到广泛的应用。

低压断路器按结构形式可分为塑壳式(又称装置式)和框架式(又称万能式)两大类,常用的 DZ5-20 型塑壳式和 DW10 型框架式低压断路器的外形结构如图 5.7 所示。框架式断路器为敞开式结构,适用于大容量配电装置;塑料外壳式断路器的特点是外壳用绝缘材料制作,具有良好的安全性,广泛用于电气控制设备及建筑物内作电源线路保护,以及对电动机进行过载和短路保护。

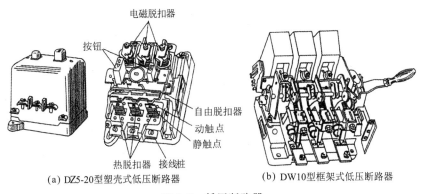

电磁脱扣器
按钮
自由脱扣器
动触点
静触点
热脱扣器 接线桩

(a) DZ5-20型塑壳式低压断路器　　(b) DW10型框架式低压断路器

图 5.7　低压断路器

1. 低压断路器的型号

低压断路器的型号含义如下:

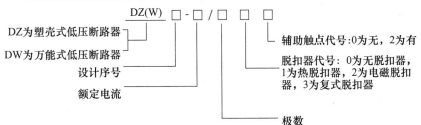

DZ为塑壳式低压断路器
DW为万能式低压断路器
设计序号
额定电流
极数
辅助触点代号:0为无,2为有
脱扣器代号:0为无脱扣器,1为热脱扣器,2为电磁脱扣器,3为复式脱扣器

2. 低压断路器的主要技术参数

DZ5-20 系列低压断路器的主要技术参数见表5.12。

表 5.12 DZ5-20 系列低压断路器的主要技术参数

型 号	额定电压/V	额定电流/A	极 数	脱扣器类别	热脱扣器额定电流（括号内为整定电流调节范围)/A	电磁脱扣器瞬时动作整定值/A
DZ5-20/200			2	无脱扣器	-	-
DZ5-20/300			3			
DZ5-20/210			2	热脱扣	0.15(0.10～0.15) 0.20(0.15～0.20)	
DZ5-20/310	交流380 直流220	20	3		0.30(0.20～0.30) 0.45(0.30～0.45)	为热脱扣器额定电流的 8～12 倍(出厂时整定于 10 倍)
DZ5-20/220			2	电磁脱扣	0.65(0.45～0.65) 1(0.65～1)	
DZ5-20/320			3		1.5(1～1.5) 2(1.5～2)	
DZ5-20/230			2	复式脱扣	3(2～3) 4.5(3～4.5)	
DZ5-20/330			3		6.5(4.5～6.5) 10(6.5～10) 15(10～15) 20(15～20)	

3. 低压断路器的选用

① 根据电气装置的要求选定断路器的类型、极数以及脱扣器的类型、附件的种类和规格。

② 断路器的额定工作电压应大于或等于线路或设备的额定工作电压。对于配电电路来说应注意区别是电源端保护还是负载保护，电源端电压比负载端电压高出 5% 左右。

③ 热脱扣器的额定电流应等于或稍大于电路工作电流。

④ 根据实际需要,确定电磁脱扣器的额定电流和瞬时动作整定电流。

- 电磁脱扣器的额定电流只要等于或稍大于电路工作电流即可。

- 电磁脱扣器的瞬时动作整定电流为:作为单台电动机的短路保护时,电磁脱扣器的整定电流为电动机启动电流的 1.35 倍(DW 系列断路器)或 1.7 倍(DZ 系列断路器);作为多台电动机的短路保护时,电磁脱扣器的整定电流为最大一台电动机的启动电流的 1.3 倍再加上其余电动机的工作电流。

4. 低压断路器的安装及使用注意事项

① 安装前核实装箱单上的内容,核对铭牌上的参数与实际需要是否相符,再用螺钉(或螺栓)将断路器垂直固定在安装板上。

② 板前接线的断路器允许安装在金属支架或金属底板上,把铜导线剥去适量长度的绝缘外层,插入线箍的孔内,将线箍的外包层压紧,包牢导线,然后将线箍的连接孔与断路器接线端用螺钉紧固;对于铜排,先把接线板在断路器上固定,再与铜排固定。

③ 板后接线的断路器必须安装在绝缘底板上。固定断路器的支架或底板必须平坦。

④ 为防止相间电弧短路,进线端应安装隔弧板,隔弧板安装时应紧贴在外壳上,不可留有缝隙,或在进线端包扎 200mm 黄腊带。

⑤ 断路器的上接线端为进线端,下接线端为出线端,"N"极为中性板,不允许倒装。

⑥ 断路器在工作前,对照安装要求进行检查,其固定连接部分应可靠;反复操作断路器几次,其操作机构应灵活、可靠。用 500V 兆欧表检查断路器的极与极、极与安装面(金属板)的绝缘电阻应不小于 $1M\Omega$,如低于 $1M\Omega$ 该产品不能使用。

⑦ 当低压断路器用作总开关或电动机的控制开关时,在断路器的电源进线侧必须加装隔离开关、刀开关或熔断器,作为明显的断开点。凡设有接地螺钉的产品,均应可靠接地。

⑧ 断路器各种特性与附件由制造厂整定,使用中不可任意调节。

⑨ 断路器在过载或短路保护后,应先排除故障,再进行合闸操作。

⑩ 断路器的手柄在自由脱扣或分闸位置时,断路器应处于断开状态,不能对负载起保护作用。

⑪ 断路器承载的电流过大,手柄已处于脱扣位置而断路器的触点并没有完全断开,此时负载端处于非正常运行,需人为切断电流,更换断路器。

⑫ 断路器在使用或储存、运输过程中,不得受雨水侵袭和跌落。

⑬ 断路器断开短路电流后,应打开断路器检查触点、操作机构。如触点完好,操作机构灵活,试验按钮操作可靠,则允许继续使用。若发现有弧烟痕迹,可用干布抹净;若弧触点已烧毛,可用细锉小心修整,但若烧毛严重,则应更换断路器以避免事故发生。

⑭ 对于用电动机操作的断路器,如要拆卸电动机,一定要在原处先做标记,然后再拆,再将电动机装上时,不会错位,影响其性能。

⑮ 长期使用后,可清除触点表面的毛刺和金属颗粒,保持良好电接触。

⑯ 断路器应做周期性检查和维护,检查时应切断电源。周期性检查项目包括:在传动部位加润滑油;清除外壳表层尘埃,保持良好绝缘;清除灭弧室内壁和栅片上的金属颗粒和黑烟灰,保持良好灭弧效果,如灭弧室损坏,断路器则不能继续使用。

5. 低压断路器的常见故障及检修方法

低压断路器的常见故障及检修方法见表 5.13。

表 5.13　低压断路器的常见故障及检修方法

故障现象	产生原因	检修方法
电动操作的断路器触点不能闭合	① 电源电压与断路器所需电压不一致	① 应重新通入一致的电压
	② 电动机操作定位开关不灵,操作机构损坏	② 重新校正定位机构,更换损坏机构
	③ 电磁铁拉杆行程不到位	③ 更换拉杆
	④ 控制设备线路断路或元件损坏	④ 重新接线,更换损坏的元器件
手动操作的断路器触头不能闭合	① 断路器机械机构复位不好	① 调整机械机构
	② 失压脱扣器无电压或线圈烧毁	② 无电压时应通入电压,线圈烧毁应更换同型号线圈
	③ 储能弹簧变形,导致闭合力减弱	③ 更换储能弹簧
	④ 弹簧的反作用力过大	④ 调整弹簧,减少反作用力

故障现象	产生原因	检修方法
断路器有一相触点接触不上	① 断路器一相连杆断裂 ② 操作机构一相卡死或损坏 ③ 断路器连杆之间角度变大	① 更换其中一相连杆 ② 检查机构卡死原因,更换损坏器件 ③ 把连杆之间的角度调整至170°为宜
断路器失压脱扣器不能自动开关分断	① 断路器机械机构卡死不灵活 ② 反力弹簧作用力变小	① 重新装配断路器,使其机构灵活 ② 调整反力弹簧,使反作用力与储能力增大
断路器分励脱扣器不能使断路器分断	① 电源电压与线圈电压不一致 ② 线圈烧毁 ③ 脱扣器整定值不对 ④ 电开关机构螺丝未拧紧	① 重新通入合适电压 ② 更换线圈 ③ 重新整定脱扣器的整定值,使其动作准确 ④ 紧固螺丝
在启动电动机时断路器立刻分断	① 负荷电流瞬时过大 ② 过流脱扣器瞬时整定值过小 ③ 橡皮膜损坏	① 处理负荷超载的问题,然后恢复供电 ② 重新调整过流脱扣器瞬时整定弹簧及螺丝,使其整定到适合位置 ③ 更换橡皮膜
断路器在运行一段时间后自动分断	① 较大容量的断路器电源进出线接头连接处松动,接触电阻大,在运行中发热,引起电流脱扣器动作 ② 过流脱扣器延时整定值过小 ③ 热元件损坏	① 对于较大负荷的断路器,要松开电源进出线的固定螺丝,去掉接触杂质,把接线鼻重新压紧 ② 重新整定过流值 ③ 更换热元件,严重时要更换断路器
断路器噪声较大	① 失压脱扣器压力弹簧作用力过大 ② 线圈铁心接触面不洁或生锈 ③ 短路环断裂或脱落	① 重新调整失压脱扣器弹簧压力 ② 用细砂纸打磨铁心接触面,涂上少许机油 ③ 重新加装短路环
断路器辅助触点不通	① 辅助触点卡死或脱落 ② 辅助触点不洁或接触不良 ③ 辅助触点传动杆断裂或滚轮脱落	① 重新拨正装好辅助触点机构 ② 把辅助触点清擦一次或用细砂纸打磨触点 ③ 更换同型号的传动杆或滚轮
断路器在运行中温度过高	① 通入断路器的主导线接触处未接紧,接触电阻过大 ② 断路器触点表面磨损严重或有杂质,接触面积减小 ③ 触点压力降低	① 重新检查主导线的接线鼻,并使导线在断路器上压紧 ② 用锉刀把触点打磨平整 ③ 调整触点压力或更换弹簧
带半导体过流脱扣的断路器,在正常运行时误动作	① 周围有大型设备的磁场影响半导体脱扣开关,使其误动作 ② 半导体元件损坏	① 仔细检查周围的大型电磁铁分断时磁场产生的影响,并尽可能使两者距离远些 ② 更换损坏的元件

● 5.2.6　低压熔断器

　　熔断器是一种广泛应用的最简单有效的保护电器之一。其主体是由低熔点金属丝或金属薄片制成的熔体,串联在被保护的电路中。在正常情况下,熔体相当于一根导线,当发生短路或过载时,电流很大,熔体因过热熔化而切断电路。熔断器具有结构简单、价格低廉、使用和维护方便等优点。常用的低压熔断器有瓷插式、螺旋式、无填料封闭管式、有填料封闭管式等几种。

　　常用熔断器型号的含义如下:

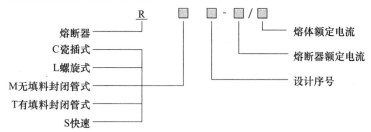

　　1. 几种常用的熔断器

　　① 瓷插式熔断器。瓷插式熔断器结构简单、价格低廉、更换熔丝方便,广泛用作照明和小容量电动机的短路保护。常用的 RC1A 系列瓷插式熔断器外形结构如图 5.8 所示。

　　RC1A 系列瓷插式熔断器的主要技术参数见表 5.14。

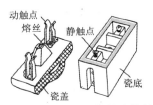

图 5.8　RC1A 瓷插式熔断器

　　② 螺旋式熔断器。螺旋式熔断器主要由瓷帽、熔断管(熔芯)、瓷套、上下接线桩及底座等组成。常用的 RL1 系列螺旋式熔断器外形结构如图 5.9 所示。它具有熔断快、分断能力强、体积小、更换熔丝方便、安全可靠和熔丝熔断后有显示等优点,适用于额定电压 380V 及以下、电流在 200A 以内的交流电路或电动机控制电路中,作为过载或短路保护。

　　螺旋式熔断器的熔断管内除装有熔丝外,还填满起灭弧作用的石英砂。熔断管的上盖中心装有带色熔断指示器,一旦熔丝熔断,指示器即从熔断管上盖中跳出,显示熔丝已熔断,并可从瓷盖上的玻璃窗口直接发现,以便拆换熔断管。

使用螺旋式熔断器时,用电设备的连接线应接到金属螺旋壳的上接线端,电源线应接到底座的下接线端,使旋出瓷帽更换熔丝时金属壳上不会带电,以确保用电安全。

表 5.14 RC1A 系列瓷插式熔断器的主要技术参数

熔断器额定电流/A	熔体额定电流/A	熔体材料	熔体直径/mm	极限分断能力/A	交流回路功率因数(cosφ)
5	2	软铅丝	0.52	250	0.8
	5		0.71		
10	2		0.52	500	
	4		0.82		
	6		1.08		
	10		1.25		
15	15		1.98		
30	20	铜 丝	0.61	1500	0.7
	25		0.71		
	30		0.81		
60	40		0.92	3000	0.6
	50		1.07		
	60		1.20		
100	80		1.55		
	100		1.80		

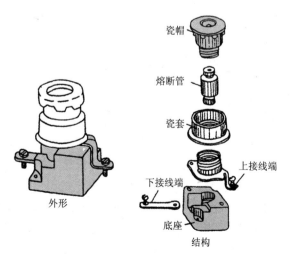

图 5.9 RL1 螺旋式熔断器

RL 系列螺旋式熔断器的主要技术参数见表 5.15。

表 5.15 RL 系列螺旋式熔断器的主要技术参数

型 号	额定电压/V	熔断器额定电流/A	熔断体额定电流/A	额定分断能力/kA
RL1-15	500	15	2,4,6,10,15	2
RL1-60	500	60	20,25,30,35,40,50,60	3.5
RL1-100	500	100	60,80,100	20
RL1-200	500	200	100,125,150,200	50
RL2-25	500	25	2,4,6,15,20	1
RL2-60	500	60	25,35,50,60	2
RL2-100	500	100	80,100	3.5
RL6-25	500	25	2,4,6,10,16,20,25	50
RL6-63	500	63	35,50,63	50

③ 无填料封闭管式熔断器。常用的无填料封闭管式熔断器为 RM 系列,主要由熔断管、熔体和静插座等部分组成,具有分断能力强、保护性好、更换熔体方便等优点,但造价较高。

无填料封闭管式熔断器适用于额定电压交流 380V 或直流 440V 的各电压等级的电力线路及成套配电设备中,作为短路保护或防止连续过载之用。

为保证这类熔断器的保护功能,当熔管中的熔体熔断三次后,应更换新的熔管。

RM 系列无填料封闭管式熔断器有 RM1、RM3、RM7、RM10 等系列产品,RM10 系列无填料封闭管式熔断器外形和结构如图 5.10 所示,主要技术参数见表 5.16。

④ 有填料封闭管式熔断器。使用较多的有填料封闭管式熔断器为 RT 系列,主要由熔管、触刀、夹座、底座等部分组成,如图 5.11 所示。它具有极限断流能力大(可达 50kA)、使用安全、保护特性好、带有明显的熔断指示器等优点,缺点是熔体熔断后不能单独更换,造价较高。

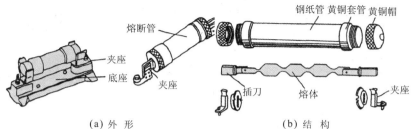

(a) 外 形　　　　　　　　　　(b) 结 构

图 5.10　RM10 系列无填料封闭管式熔断器

表 5.16　RM10 系列无填料封闭管式熔断器的主要技术参数

型　号	额定电流/A	熔体额定电流/A	极限分断能力/kA
RM10-15	15	6,10,15	1,2
RM10-60	60	15,20,25,35,45,60	3,5
RM10-100	100	60,80,100	10
RM10-200	200	100,125,160,200	10
RM10-350	350	200,225,260,300,350	10
RM10-600	600	350,430,500,600	10
RM10-1000	1000	600,700,850,1000	12

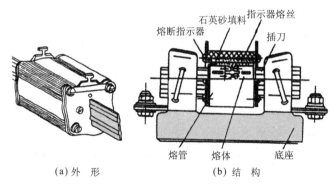

(a) 外 形　　　　　　　　　　(b) 结 构

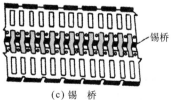

(c) 锡 桥

图 5.11　RT0 系列有填料封闭管式熔断器

有填料封闭管式熔断器适用于交流电压 380V、额定电流 1000A 以内的高短路电流的电力网络和配电装置中，作为电路、电动机、变压器及电气设备的过载与短路保护。

RT 系列有填料封闭管式熔断器常用的有 RT0 系列熔断器，螺栓连接的 RT12、RT15 系列和瓷质圆筒结构、两端有帽盖的 RT14、RT19 系列熔断器等。

RT0 系列熔断器的主要技术参数见表 5.17。

表 5.17　RT0 系列熔断器的主要技术参数

型　号	熔断体			底　座
	额定电流/A	额定电压/V	分断能力/kA	额定电流/A
RT0-50	5,10,15,20,30, 40,50	380	—	50
RT0-100	30,40,50,60, 80,100		50	100
RT0-200	80,100,120, 150,200			200
RT0-400	150,200,250,300, 350,400			400
RT0-600	350,400,450,500, 550,600			600
RT0-1000	700,800,900,1000			1000

⑤ NT 系列低压高分断能力熔断器。NT 系列低压高分断能力熔断器具有分断能力强（可达 100kA）、体积小、重量轻、功耗小等优点，适用于额定电压不超过 660V、额定电流不超过 1000A 的电路中，作为工业电气设备过载和短路保护使用。NT2 型熔断器的外形如图 5.12 所示。

NT 型熔断器的主要技术参数见表 5.18。

2. 熔断器的选用

① 熔断器的类型应根据使用场合及安装条件进行选择。电网配电一般用管式熔断器；电动机保护一般用螺旋式熔断器；照明电路一般用瓷插式熔断器；保护可控硅则应选择快速熔断器。

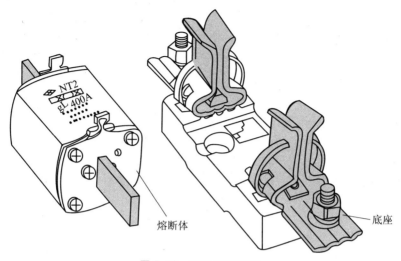

熔断体

底座

图 5.12 NT2 型熔断器

表 5.18 **NT 型熔断器的主要技术参数**

型 号	额定电压/V	底座额定电流/A	熔体额定电流等级/A	额定分断能力/kA	cosφ	底座型号
NT-00	500		4,6,10,16,20,25,32,36,40, 50,63,80,100,125,160	120		sist101
	660			50		
NT-0	500	160	6,10,16,20,25,32,36,40,50, 63,80,100	120	0.1~ 0.2	sist160
	660			50		
	500		125,160	120		
NT-1	500	250	80,100,125,160,200	120		sist201
	660			50		
	500		224,250	120		
NT-2	500	400	125,160,200,224,250,300,315	120		sist401
	660			50		
	500		355,400	120	0.1~ 0.2	
NT-3	500	630	315,355,400,425	120		sist601
	660			50		
	500		500,630	120		

② 熔断器的额定电压必须大于或等于线路的电压。

③ 熔断器的额定电流必须大于或等于所装熔体的额定电流。

④ 合理选择熔体的额定电流：对于变压器、电炉和照明等负载，熔体的额定电流应略大于线路负载的额定电流；对于一台电动机负载的短路保护，熔体的额定电流应大于或等于1.5～2.5倍电动机的额定电流；对几台电动机同时保护，熔体的额定电流应大于或等于其中最大容量的一台电动机的额定电流的1.5～2.5倍加上其余电动机额定电流的总和；对于降压启动的电动机，熔体的额定电流应等于或略大于电动机的额定电流。

3. 熔断器安装及使用注意事项

① 安装前检查熔断器的型号、额定电流、额定电压、额定分断能力等参数是否符合规定要求。

② 安装熔断器除保证足够的电气距离外，还应保证足够的间距，以便于拆卸、更换熔体。

③ 安装时应保证熔体和触刀，以及触刀和触刀座之间接触紧密可靠，以免由于接触处发热，使熔体温度升高，发生误熔断。

④ 安装熔体时必须保证接触良好，不允许有机械损伤，否则准确性将降低。

⑤ 熔断器应安装在各相线上，三相四线制电源的中性线上不得安装熔断器，而单相两线制的零线上应安装熔断器。

⑥ 瓷插式熔断器安装熔丝时，熔丝应顺着螺钉旋紧方向绕过去，同时应注意不要划伤熔丝，也不要把熔丝绷紧，以免减小熔丝截面尺寸或绷断熔丝。

⑦ 安装螺旋式熔断器时，必须注意将电源线接到瓷底座的下接线端（即低进高出的原则），以保证安全。

⑧ 更换熔丝时，必须先断开电源，一般不应带负载更换熔断器，以免发生危险。

⑨ 在运行中应经常注意熔断器的指示器，以便及时发现熔体熔断，防止缺相运行。

⑩ 更换熔体时，必须注意新熔体的规格尺寸、形状应与原熔体相同，不能随意更换。

4. 熔断器的常见故障及检修方法

熔断器的常见故障及检修方法见表5.19。

表 5.19 **熔断器的常见故障及检修方法**

故障现象	产生原因	检修方法
熔丝或保险管、熔片换上后瞬间全部熔断	① 电源负载线路短路或线路接线错误 ② 更换的熔丝过小或负载太大难以承受 ③ 电动机卡死,造成负载过重,启动时熔丝熔断	① 接线错误应更正,查出短路点,修复后再供电 ② 根据线路和负载情况重新计算熔丝的容量 ③ 若查出电动机卡死,应检修机械部分使其恢复正常
熔丝更换后在压紧螺丝附近慢慢熔断	① 接线桩头或压熔丝的螺丝锈死,压不紧螺丝或导线 ② 导线过细或负载过重 ③ 铜铝连接时间过长,引起接触不良 ④ 瓷插保险插头与插座间接触不良 ⑤ 熔丝规格过小,负载过重	① 更换同型号的螺丝及垫片并重新压紧熔丝 ② 根据负载大小重新计算所用导线截面积,更换新导线 ③ 去掉铜、铝接头处氧化层,重新压紧接触点 ④ 把瓷插头的触点爪向内扳一点,使其能在插入插座后接触密,并且用砂布打磨瓷插保险金属的所有接触面 ⑤ 根据负载情况可更换大一号的熔丝
瓷插保险破损	① 瓷插保险人为损坏 ② 瓷插保险因电流过大引起发热自身烧坏	① 更换瓷插保险 ② 更换瓷插保险
螺旋保险更换后不通电	① 螺旋保险未旋紧,引起接触不良 ② 螺旋保险外壳底面接触不良,里面有尘屑或金属皮因熔断器熔断时熔坏脱落	① 重新旋紧新换的保险 ② 更换同型号的保险外壳后装入适当熔芯重新旋紧

新型开关

5.3.1 接近开关

接近开关是不与物体接触,利用磁场能量变化将靠近检测台机架的金属检测出来,从而控制与其连接的电路开闭的检测型开关,如图 5.13 所示。它通常是利用高频磁场的高频振荡波。

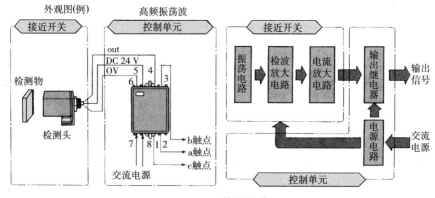

图 5.13 接近开关

所谓高频振荡波是指由检出端发出一种高频率的振荡波形,当检测物体接近时,检测物体内就会产生涡流损耗,通过此涡流损耗引起振荡功率的变化从而使电路动作。

5.3.2 磁接近开关

这里介绍的磁接近开关是将舌簧开关与永久性磁铁组合起来制成的,可分为分离型和沟型两种。

1. 分离型

分离型磁接近开关是由封装舌簧开关的接触部分和内藏永久性磁铁的磁铁部分组成的,如图 5.14 所示,可根据用途及条件的不同采取各种安装方式。

将接触部分固定,安装磁铁部分的检测体向其靠近,当磁铁中心与开关中心对正时,形成磁回路,舌簧开关的触点闭合。相反,当磁铁部分远离时磁回路被切断,舌簧开关的触点打开,通过这个原理来无接触地检测出检测体的有无。

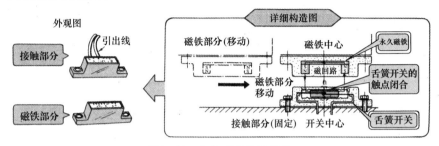

图 5.14　分离型磁接近开关

2. 沟　型

沟型磁接近开关是将舌簧开关与永久性磁铁分别配置在箱沟的两侧,形成一种树脂模具构造,如图 5.15 所示。

当沟中有检测体(磁性金属)进入时,在检测体和永久磁铁间就会形成磁回路,舌簧开关被磁体遮蔽,其触点打开。

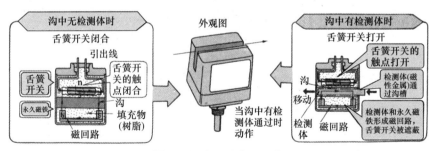

图 5.15　沟型磁接近开关

5.3.3　光电开关

光电开关是利用光作为检测器媒质,当从投光器内发出的光被某物体遮挡后,受光器的光电变换单元就会根据反射光量的变化将其转化为电气信号从而使开关发生动作,如图 5.16 所示。它是一种无接触地检测物体有无、状态变化等的检测型开关。

光电开关不仅可检测金属还可检测非金属,并具有远距离检测的优点。

5.3.4　温度开关

温度开关是在温度达到预定值时动作的检测型开关。它是利用随着温度变化电气特性也会相应变化的电气元件,如热敏电阻、铂电阻、热电偶等作为测温体,当检测出达到设定温度时就会发生动作的一种开关,如图 5.17 所示。

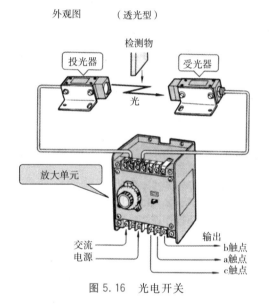

外观图　　　　（透光型）

检测物

投光器　　　　　　　　　受光器

光

放大单元

交流
电源

输出
b触点
a触点
c触点

图 5.16　光电开关

外观图　　　（电子温度开关）

（模块图）

温度开关

输出
c触点
a触点
b触点

测温体

交流
电源

温度开关

测温体

检测
电路

放大
电路

相位
鉴别
电路

输出
电路

输出

各电路

交流
电源

电源
电路

图 5.17　温度开关

5.3.5 微型开关

微型开关是具有微小的触点机构和速动机构,通过一定作用力就可以进行开闭动作的触点机构,如图 5.18 所示。它用一个外壳封装,其外部带一个促动器。

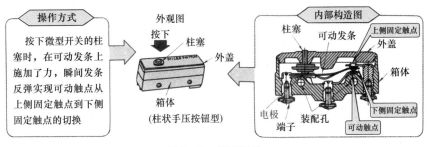

图 5.18 微型开关

5.3.6 电压换相开关和电流换相开关

1. 旋转式电压换相开关

为了工作的方便,电工有时应用一只电压表通过电压换相开关分别测得三相线间的电压,以监视三相电压值是否平衡,使用起来极为方便,旋转式电压换相开关外形如图 5.19 所示。

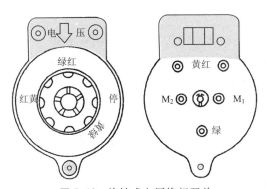

图 5.19 旋转式电压换相开关

旋转式电压换相开关的接线如图 5.20 所示,当 M_1 与黄、M_2 与红接触时,可测得 CA 两线间的电压 U_{CA};当 M_1 与黄、M_2 与绿接通时,可测量 AB 两线间的电压 U_{AB};当 M_1 与绿、M_2 与红接通时,可测量 BC 两线间的

电压 U_{BC}。

使用旋转式电压换相器时要注意以下两点：

① 这种换相开关适用于测量 380V 的三相交流电压，它与 380V 的交流电压表配套使用，切勿用于直流上。

② 旋转式电压换相开关应安装在配电柜操作台上方，竖直安装，以便操作。

2. 旋转式电流换相开关

在配电装置上，常用一只电流表配接两只与电流表配套的电流互感器，再接到旋转式电流转换开关上，便具有测量三相电流的功能，使用起来非常方便，它可监视三相电流是否平衡，特别是对大容量的电动机，可用一只电流表监视三相电流。旋转式电流换相开关的外形与电压换相开关相似，如图 5.21 所示。

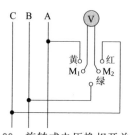

图 5.20 旋转式电压换相开关接线

图 5.21 旋转式电流换相开关

旋转式电流换相开关的接线一般有两种方式，如图 5.22 所示。图 5.22(a) 所示电路的工作原理是：当旋转开关旋到黄与 M_1 接通，绿与红接通时，测量 A 相电流；当旋转到黄与绿接通，红与 M_1 接通时，测量 C 相电流；当旋转到黄与 M_1、红共同接通时，测量 B 相电流。图 5.22(b) 所示电路的工作原理是：当开关旋转到红、绿与 N 接通，黄与 M 接通时，测量 A 相电流；当开关旋转到绿、黄与 N 接通，红与 M 接通时，测量 C 相的电流；当红、黄、M 与 N 互相接通时，测量的电流为 B 相；当红、黄、绿与 N 接通时，开关处于空挡位置。

在使用旋转式电流换相开关时要注意以下几点：

① 旋转式电流转换开关在安装接线时，互感器一端必须可靠接地，以防产生高压。

② 利用这种旋转开关只用两只电流互感器便可测得三相电流。

③ 在接旋转式电流换相开关时,必须接线可靠,在接线前还应检查换相开关的内部触点,必须接触良好方能接线。

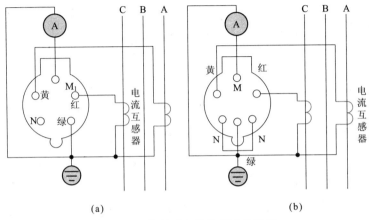

(a)   (b)

图 5.22 旋转式电流换相开关接线

 **继电器和接触器**

5.4.1 时间继电器

时间继电器是一种利用电磁原理或机械动作原理来延迟触点闭合或分断的自动控制电器。它的种类很多,有电磁式、电动式、空气阻尼式和晶体管式等。在交流电路中应用较广泛的是空气阻尼式时间继电器,它是利用气囊中的空气通过小孔节流的原理来获得延时动作的。它的外形和结构如图 5.23 所示。

1. 时间继电器的型号

常用的 JS7-A 系列时间继电器的型号含义为:

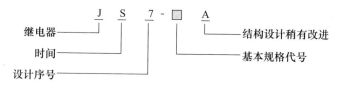

常用的 JS14A 系列晶体管时间继电器的型号含义为:

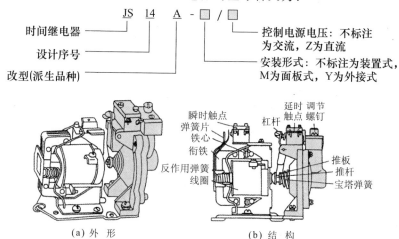

（a）外 形 　　　　　（b）结 构

图 5.23 空气阻尼式时间继电器

2. 时间继电器的主要技术参数

JS7-A 系列空气阻尼式时间继电器的优点是结构简单、寿命长、价格低,还附有不延时的触点,应用较为广泛。缺点是准确度低、延时误差大,在要求延时精度高的场合不宜采用。它的主要技术参数见表 5.20。

表 5.20　JS7-A 系列空气阻尼式时间继电器的主要技术参数

型 号	瞬时动作触点数量		延时动作触点数量				触点额定电压/V	触点额定电流/A	线圈电压/V	延时范围/s	额定操作频率/(次/h)
			通电延时		断电延时						
	常开	常闭	常开	常闭	常开	常闭					
JS7-1A	—	—	1	1	—	—	380	5	24,36,110,127,220,380,420	0.4～60 及0.4～180	600
JS7-2A	1	1	1	1	—	—					
JS7-3A	—	—	—	—	1	1					
JS7-4A	1	1	—	—	1	1					

3. 时间继电器的选用

① 类型的选择。在要求延时范围大、延时准确度较高的场合,应选用电动式或电子式时间继电器。在延时精度要求不高、电源电压波动大的场合,可选用价格较低的电磁式或气囊式时间继电器。

② 线圈电压的选择。根据控制线路电压来选择时间继电器吸引线圈的电压。

③ 延时方式的选择。时间继电器有通电延时和断电延时两种,应根据控制线路的要求来选择延时方式。

4. 时间继电器的安装使用和维护

① 必须按接线端子图正确接线,核对继电器额定电压与电源电压是否相符,直流型注意电源极性。

② 对于晶体管时间继电器,延时刻度不表示实际延时值,仅供调整参考。若需精确的延时值,需在使用时先核对延时数值。

③ JS7 系列时间继电器由于无刻度,故不能准确地调整延时时间,同时气室的进排气孔也有可能被尘埃堵住而影响延时的准确性,应经常清除灰尘及油污。

④ JS7-1A、JS7-2A 系列时间继电器只要将电磁部分转动 180° 即可将通电延时改为断电延时方式。

⑤ JS11-□1 系列通电延时继电器,必须在分断离合器电磁铁线圈电源时才能调节延时值;而 JS11-□2 系列断电延时继电器,必须在接通离合器电磁铁线圈电源时才能调节延时值。

⑥ JS20 系列时间继电器与底座间有扣襻锁紧,在拔出继电器本体前先要扳开扣襻,然后缓缓拔出继电器。

5. 时间继电器的常见故障及检修方法

时间继电器的常见故障及检修方法见表 5.21。

表 5.21 **时间继电器的常见故障及检修方法**

故障现象	产生原因	检修方法
延时触点不动作	① 电磁线圈断线 ② 电源电压以线圈额定电压低很多 ③ 电动式时间继电器的同步电动机线圈断线	① 更换线圈 ② 更换线圈或调高电源电压 ③ 重绕电动机线圈,或更换同步电动机

续表 5.21

故障现象	产生原因	检修方法
	④ 电动式时间继电器的棘爪无弹性，不能刹住棘齿	④ 更换新的合格的棘爪
	⑤ 电动式时间继电器游丝断裂	⑤ 更换游丝
延时时间缩短	① 空气阻尼式时间继电器的气室装配不严，漏气	① 修理或更换气室
	② 空气阻尼式时间继电器的气室内橡皮薄膜损坏	② 更换橡皮薄膜
延时时间变长	① 空气阻尼式时间继电器的气室内有灰尘，使气道阻塞	① 清除气室内灰尘，使气道畅通
	② 电动式时间继电器的传动机构缺润滑油	② 加入适量的润滑油

5.4.2　中间继电器

中间继电器是用来转换控制信号的中间元件。其输入是线圈的通电或断电信号，输出信号为触点的动作。其主要用途是当其他继电器的触点数或触点容量不够时，可借助中间继电器来扩大触点数或触点容量。

中间继电器的基本结构和工作原理与小型交流接触器基本相同，由电磁线圈、动铁心、静铁心、触点系统、反作用弹簧和复位弹簧等组成，如图 5.24 所示。

中间继电器的触点数量较多，并且无主、辅触点之分。各对触点允许

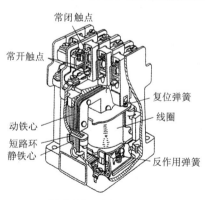

常闭触点
常开触点
复位弹簧
动铁心
线圈
短路环
静铁心
反作用弹簧

图 5.24　中间继电器

通过的电流大小也是相同的,额定电流约为5A。在控制电动机额定电流不超过5A时,也可用中间继电器来代替接触器。

1. 中间继电器的型号

常用的 JZ 系列中间继电器的型号含义为:

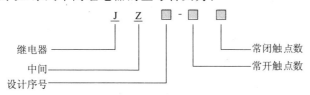

2. 中间继电器的主要技术参数

中间继电器种类很多,常用的为 JZ7 系列,它适用于交流 50Hz、电压不超过 500V、电流不超过 5A 的控制电路,以控制各种电磁线圈。JZ7 系列中间继电器的主要技术参数见表 5.22。

表 5.22 JZ7 系列中间继电器的主要技术参数

型 号	触点额定电压/V	触点额定电流/A	触点数量		吸引线圈电压/V		操作频率/(次/h)	通电持续率/(%)	通电寿命/(万次)
			常开	常闭	50 Hz	60 Hz			
JZ7-22	交流(50Hz或60Hz)380,直流440	5	2	2	12,24,36,48,110,127,220,380,420,440,500	12,36,110,127,220,380,440	1200	40	100
JZ7-41			4	1					
JZ7-42			4	2					
JZ7-44			4	4					
JZ7-53			5	1 或 3					
JZ7-62			6	2					
JZ7-80			8	0					

3. 中间继电器的选用

中间继电器的使用与接触器相似,但中间继电器的触点容量较小,一般不能在主电路中应用。中间继电器一般根据负载电流的类型、电压等级和触点数量来选择。

5.4.3 速度继电器

速度继电器是一种可以按照被控电动机转速使控制电路接通或断开

的电器。速度继电器通常与接触器配合,实现对电动机的反接制动。速度继电器主要由转子、定子和触点组成,它的外形和结构如图5.25所示。

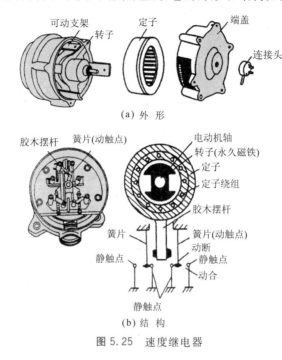

（a）外　形

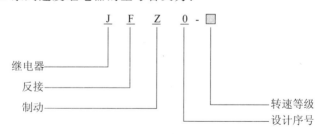

（b）结　构

图 5.25　速度继电器

1. 速度继电器的型号

JFZ0 系列速度继电器的型号含义为:

```
          J   F   Z   0 - □
继电器 ————————┘   │   │       │     │
反接 ——————————————┘   │       │     │
制动 ——————————————————┘       │     └—— 转速等级
                               └——————— 设计序号
```

2. 速度继电器的主要技术参数

常用的速度继电器有 JY1 型和 JFZ0 型。JY1 型能在 3000r/min 以下可靠工作;JFZ0-1 型适用于 300～1000r/min,JFZ0-2 型适用于 1000～3600r/min;JFZ0 型有两对常开、常闭触点。一般速度继电器转轴在

120r/min 左右即能动作,在 100r/min 以下触点复位。

JY1 型和 JFZ0 型速度继电器的主要技术参数见表 5.23。

表 5.23 JY1 型和 JFZ0 型速度继电器的主要技术参数

型 号	触点容量		触点数量		额定工作转速 /(r/min)	允许操作频率 /(次/h)
	额定电压 /V	额定电流 /A	正转时动作	反转时动作		
JY1 JFZ0	380	2	1 组转换触点	1 组转换触点	100~3600 300~3600	<30

3. 速度继电器的选用及使用

① 速度继电器主要根据电动机的额定转速来选择。

② 速度继电器的转轴应与电动机同轴连接。安装接线时,正反向的触点不能接错,否则不能起到反接制动时接通和断开反向电源的作用。

5.4.4 热继电器

热继电器是一种电气保护元件。它利用电流的热效应来推动动作机构使触点闭合或断开,广泛用于电动机的过载保护、断相保护、电流不平衡保护以及其他电气设备的过载保护。热继电器由热元件、触点、动作机构、复位按钮和整定电流装置等部分组成,如图 5.26 所示。

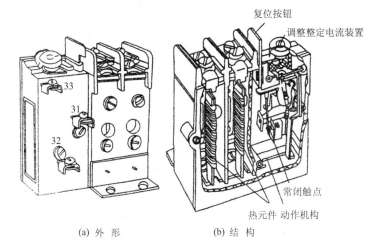

(a) 外 形　　　(b) 结 构

图 5.26 热继电器结构

热继电器有两相结构、三相结构和三相带断相保护装置等三种类型。对于三相电压和三相负载平衡的电路,可选用两相结构式热继电器作为保护电器;对于三相电压严重不平衡或三相负载严重不对称的电路,则不宜用两相结构式热继电器而只能用三相结构式热继电器。

1. 热继电器的型号

热继电器的型号含义为:

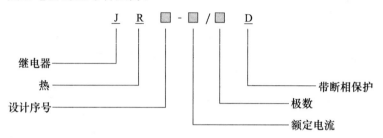

2. 热继电器的主要技术参数

常用的热继电器有 JR0、JR16、JR20、JR36、JRS1、JR16B 和 T 系列等。JR36 系列双金属片热过载继电器,主要用于交流 50Hz,额定电压不超过 690V,电流 0.25～160A 的长期工作或间断长期工作的三相交流电动机的过载保护和断相保护。JR36 系列热继电器的主要技术参数见表 5.24。

表 5.24　JR36 系列热继电器的主要技术参数

		JR36-20	JR36-63	JR36-160
额定工作电流/A		20	63	160
额定绝缘电压/V		690	690	690
断相保护		有	有	有
手动与自动复位		有	有	有
温度补偿		有	有	有
测试按钮		有	有	有
安装方式		独立式	独立式	独立式
辅助触点		1NO+1NC	1NO+1NC	1NO+1NC
AC-15　380V	额定电流/A	0.47	0.47	0.47
AC-15　220V	额定电流/A	0.15	0.15	0.15

			JR36-20	JR36-63	JR36-160
导线截面积 /mm²	主回路	单心或绞合线	1.0～4.0	6.0～16	16～70
		接线螺钉	M5	M6	M8
	辅助回路	单心或绞合线	2×(0.5～1)	2×(0.5～1)	2×(0.5～1)
		接线螺钉	M3	M3	M3

3. 热继电器的选用

① 热继电器的类型选用：一般轻载启动、长期工作的电动机或间断长期工作的电动机，选择二相结构的热继电器；电源电压的均衡性和工作环境较差或较少有人照管的电动机，或多台电动机的功率差别较大，可选择三相结构的热继电器；而三角形连接的电动机，应选用带断相保护装置的热继电器。

② 热继电器的额定电流选用：热继电器的额定电流应略大于电动机的额定电流。

③ 热继电器的型号选用：根据热继电器的额定电流应大于电动机的额定电流原则，查表确定热继电器的型号。

④ 热继电器的整定电流选用：一般将热继电器的整定电流调整到等于电动机的额定电流；对过载能力差的电动机，可将热元件整定值调整到电动机额定电流的0.6～0.8倍；对启动时间较长，拖动冲击性负载或不允许停车的电动机，热继电器的整定电流应调节到电动机额定电流的1.1～1.15倍。

4. 热继电器的安装、使用和维护

① 热继电器安装接线时，应清除触点表面污垢，以避免电路不通或因接触电阻太大而影响热继电器的动作特性。

② 热继电器进线端子标志为 1/L1、3/L2、5/L3，与之对应的出线端子标志为 2/T1、4/T2、6/T3，常闭触点接线端子标志为 95、96，常开触点接线端子标志为 97、98。

③ 必须选用与所保护的电动机额定电流相同的热继电器，如不符合，则将失去保护作用。

④ 热继电器除了接线螺钉外，其余螺钉均不得拧动，否则其保护特

性即改变。

⑤ 热继电器进行安装接线时,必须切断电源。

⑥ 当热继电器与其他电器安装在一起时,应将它安装在其他电器的下方,以免其动作特性受到其他电器发热的影响。

⑦ 热继电器的主回路连接导线不宜太粗,也不宜太细。如连接导线过细,轴向导热性差,热继电器可能提前动作;反之,连接导线太粗,轴向导热快,热继电器可能滞后动作。

⑧ 当电动机启动时间过长或操作次数过于频繁时,会使热继电器误动作或烧坏电器,故这种情况一般不用热继电器作过载保护。

⑨ 若热继电器双金属片出现锈斑,可用棉布蘸上汽油轻轻擦拭,切忌用砂纸打磨。

⑩ 当主回路发生短路事故后,应检查发热元件和双金属片是否已经永久变形,若已变形,应更换。

⑪ 热继电器在出厂时均调整为自动复位形式。如欲调为手动复位,可将热继电器侧面孔内螺钉倒退约三、四圈即可。

⑫ 热继电器脱扣动作后,若要再次启动电动机,必须待热元件冷却后,才能使热继电器复位。一般自动复位需待 5min,手动复位需待 2min。

⑬ 热继电器的整定电流必须按电动机的额定电流进行调整,在进行调整时,绝对不允许弯折双金属片。

⑭ 为使热继电器的整定电流与负荷的额定电流相符,可以旋动调节旋钮使所需的电流值对准白色箭头,旋钮上的电流值与整定电流值之间可能有所误差,可在实际使用时按情况适当偏转。如需用两刻度之间整定电流值,可按比例转动调节旋钮,并在实际使用时适当调整。

5. 热继电器的常见故障及检修方法

热继电器的常见故障及检修方法见表 5.25。

表 5.25　热继电器的常见故障及检修方法

故障现象	产生原因	检修方法
热继电器误动作	① 选用热继电器规格不当或大负载选用热继电器电流值太小 ② 热继电器整定电流值偏低 ③ 电动机启动电流过大，电动机启动时间过长 ④ 反复在短时间内启动电动机，操作过于频繁 ⑤ 连接热继电器主回路的导线过细、接触不良或主导线在热继电器接线端子上未压紧 ⑥ 热继电器受到强烈的冲击震动	① 更换热继电器，使它的额定值与电动机额定值相符 ② 调整热继电器整定值使其正好与电动机的额定电流值相符合并对应 ③ 减轻启动负载；电动机启动时间过长时，应将时间继电器调整的时间稍短些 ④ 减少电动机启动次数 ⑤ 更换连接热继电器主回路的导线，使其横截面积符合电流要求；重新压紧热继电器主回路的导线端子 ⑥ 改善热继电器使用环境
热继电器在超负载电流值时不动作	① 热继电器动作电流值整定得过高 ② 动作二次触点有污垢造成短路 ③ 热继电器烧坏 ④ 热继电器动作机构卡死或导板脱出 ⑤ 连接热继电器的主回路导线过粗	① 重新调整热继电器电流值 ② 用酒精清洗热继电器的动作触点，更换损坏部件 ③ 更换同型号的热继电器 ④ 调整热继电器动作机构，并加以修理。如导板脱出要重新放入并调整好 ⑤ 更换成符合标准的导线
热继电器烧坏	① 热继电器的规格与实际负载电流不相配 ② 流过热继电器的电流严重超载或负载短路 ③ 可能是操作电动机过于频繁 ④ 热继电器动作机构不灵，使热元件长期超载而不能保护热继电器 ⑤ 热继电器的主接线端子与电源线连接时有松动现象或氧化，线头接触不良引起发热烧坏	① 热继电器的规格要选择适当 ② 检查电路故障，在排除短路故障后，更换合适的热继电器 ③ 改变操作电动机方式，减少启动电动机次数 ④ 更换动作灵敏的合格热继电器 ⑤ 设法去掉接线头与热继电器接线端子的氧化层，并重新压紧热继电器的主接线

5.4.5　电磁继电器

　　电磁继电器是利用电磁力使触点具有开闭功能的装置总称。当电磁线圈中有电流流过时，电磁继电器就会产生磁场变成电磁铁，通过其电磁力吸引可动铁片从而可开闭与此相连动的触点。

1. 铰链型电磁继电器

铰链型电磁继电器通过电磁继电器线圈的励磁与消磁使可动铁片以一点为支点做圆周运动,通过此作用对与可动铁片连动的触点机构进行开闭,如图5.27所示。

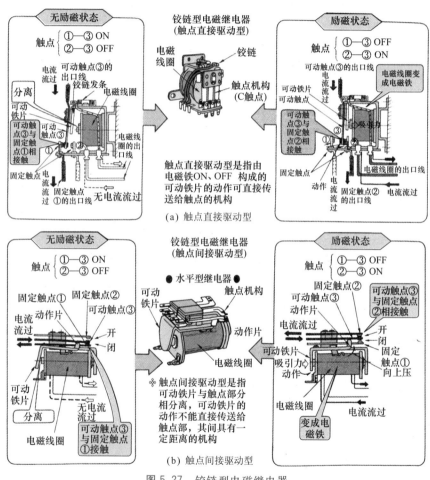

图 5.27　铰链型电磁继电器

2. 活塞型电磁继电器

活塞型电磁继电器是通过电磁线圈的励磁或消磁使可动铁心在电磁

线圈内部做直线运动,利用可动铁心的动作对与其相连的触点机构进行开闭,如图5.28所示。

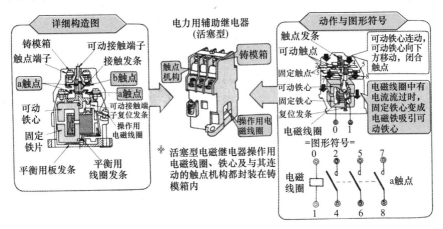

图 5.28 活塞型电磁继电器

活塞型电磁继电器具有隔离特性好、触点容量大等特点,常用于电力用辅助继电器、电磁接触器及电磁开闭器等。

3. 自保继电器

自保继电器如其名字所述,是在经过励磁动作后,即使切断电磁线圈中的电流,其动作也会保持的继电器,如图5.29所示。若要使其复位必须再从外部施加电流。

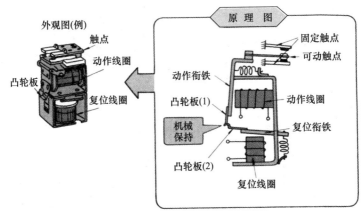

图 5.29 自保继电器

当动作线圈中有电流流过时,动作衔铁被吸引,凸轮板(1)与凸轮板(2)相连,此时即使解除励磁,其状态也能保持。

当复位线圈中有电流流过时,复位衔铁被吸引,使凸轮板(2)从凸轮板(1)处脱离,这样动作衔铁回到平常位置。

4. 线簧继电器

线簧继电器是将发条用洋白线铸模成触点发条,再将它与由电磁线圈及铁心构成的电磁回路组合而成,如图5.30所示。

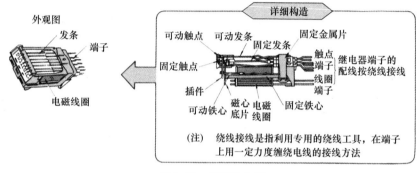

图 5.30　线簧继电器

电磁线圈中无电流流过时(无励磁状态),可动触点与固定触点相分离,如图5.31所示。

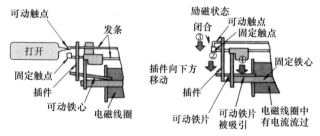

图 5.31　线簧继电器触点部分的动作

电磁线圈中有电流流过时,固定铁心变为电磁铁,此时可动铁心被固定铁心吸引,其下方受力;与可动铁心连动的插件向下方移动;随插件连动,可动触点向下方动作与固定触点相接触,从而使触点闭合。

5. 微型继电器

微型继电器又称微型电磁继电器,该继电器触点处无需直接控制电磁开关器及隔离器等的容量,故常被用于数字电路及继电器顺序电路的组合等场合,如图 5.32 所示。

6. 舌簧继电器

舌簧继电器将具有触点、触点弹簧及电枢的舌簧片以一定间隔密封在具有惰性气体的玻璃管内,通过线圈中的磁场作用进行动作,如图5.33所示。舌簧继电器重量轻、超小型,具有印制基板搭载结构特点,常被用于数字电路、有触点输出及输入电路的输入端子与内部逻辑运算电路绝缘的场合。

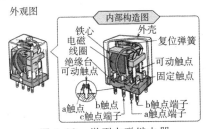

图 5.32 微型电磁继电器

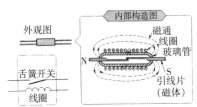

图 5.33 舌簧继电器

① 励磁线圈中电流增加时。当增加流过舌簧继电器励磁线圈中电流时,通过空隙的磁通增加,使舌簧片触点部上侧触点成为 N 极,下侧触点成为 S 极,产生不同的磁极。触点部分异性磁极的吸引力与舌簧片的弹簧力相等时触点闭合,如图 5.34 所示。

② 励磁线圈中电流减少时。当减少流过舌簧继电器励磁线圈中的电流时,通过空隙的磁通减少,舌簧片的弹簧回复力与吸引力相等时,触点打开。切断励磁线圈中的电流,触点也会打开,如图 5.35 所示。

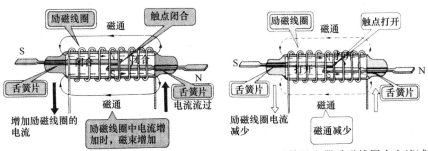

图 5.34 舌簧继电器励磁线圈中电流增加　图 5.35 舌簧继电器励磁线圈中电流减少

● 5.4.6 水银开关和水银继电器

1. 水银开关

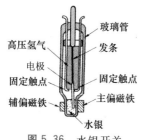

高压氢气
电极
固定触点
辅偏磁铁

玻璃管
发条
固定触点
主偏磁铁
水银

图5.36 水银开关

水银开关是在玻璃管中封入触点机构、水银及高压氢,如图5.36所示。其特点如下:

① 水银可沿毛细管上升到触点面上,因长时间覆盖触点表面,故触点寿命长。

② 开闭动作通过水银进行,接触度高,无震动现象。

③ 动作时间快(3~5μs)。

④ 触点开闭时电流的通、断不通过触点金属,而通过水银进行,故触点电流容量大。

2. 水银继电器

水银继电器是在水银开关的周围再加上驱动线圈、永久磁铁及容纳其他部件的磁性箱等,如图5.37所示。

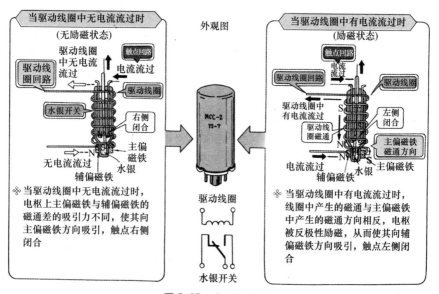

图5.37 水银继电器

◉ 5.4.7　电磁接触器

　　电磁接触器是利用电磁铁的动作频繁地将负载电路进行开闭的接触器，主要用于电力回路的开闭。

　　电磁接触器包括由主触点、辅助触点组成的触点部分和由电磁线圈、铁心组成的操作电磁铁部分两部分，如图 5.38 所示。

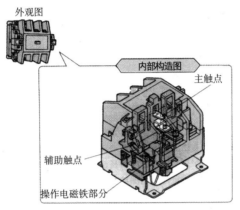

图 5.38　电磁接触器

◉ 5.4.8　交流接触器

　　交流接触器是通过电磁机构动作，频繁地接通和分断主回路的远距离操纵电器。它具有动作迅速、操作安全方便、便于远距离控制以及具有欠电压、零电压保护作用等优点，广泛用于电动机、电焊机、小型发电机、电热设备和机床电路上。由于它只能接通和分断负荷电流，不具备短路保护作用，因此常与熔断器、热继电器等配合使用。交流接触器主要由电磁机构、触点系统、灭弧装置及辅助部件等组成。图 5.39 所示是 CJ10-20 型交流接触器的外形结构。

1. 交流接触器的型号

　　常用的交流接触器有 CJ0、CJ10、CJ12、CJ20 和 CJT1 系列以及 B 系列等。CJ20 及 CJT1 系列交流接触器的型号含义见下页。

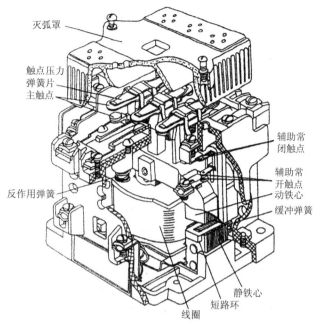

图 5.39 CJ10-20 型交流接触器

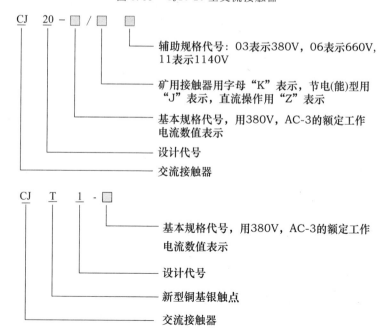

2. 交流接触器的主要技术参数

CJ0、CJ10、CJ12 系列交流接触器的主要技术参数见表 5.26。

表 5.26 CJ0、CJ10、CJ12 系列交流接触器的主要技术参数

型 号	主触点额定电流/A	辅助触点额定电流/A	可控制电动机的最大功率/kW		吸引线圈电压/V	额定操作频率/(次/h)
			220V	380V		
CJ0-10	10		2.5	4	36,110 127,220, 380,440	1200
CJ0-20	20	5	5.5	10		
CJ0-40	40		11	20		
CJ0-75	75	10	22	40	110,127, 220,380	600
CJ10-10	10		2.2	4	36,110, 220,380	600
CJ10-20	20		5.5	10		
CJ10-40	40	5	11	20		
CJ10-60	60		17	30		
CJ10-100	100		30	50		
CJ10-150	150		43	75		
CJ12-100 CJ12B-100	100			50	36,127, 220,380	600
CJ12-150 CJ12B-150	150			75		
CJ12-250 CJ12B-250	250	10		125		
CJ12-400 CJ12B-400	400			200		300
CJ12-600 CJ12B-600	600			300		

CJ20 系列交流接触器主要用于交流 50Hz,额定电压不超过 660V (个别等级至 1140V),电流不超过 630A 的电力线路中,亦可用于远距离频繁地接通和分断电路及控制交流电动机,并可与热继电器或电子式保护装置组成电磁启动器,以保护电路。CJ20 系列交流接触器的主要技术参数见表 5.27。

表 5.27　CJ20 系列交流接触器的主要技术参数

型　号	额定绝缘电压/V	额定发热电流/A	AC-3 可控制的三相鼠笼型电动机的最大功率/kW			每小时操作循环次数/(次/h)(AC-3)	AC-3电寿命/万次	线圈功率启动/保持V·A/W	选用的熔断器型号
			220V	380V	660V				
CJ20-10		10	2.2	4	4			65/8.3	RT16-20
CJ20-16		16	4.5	7.5	11		100	62/8.5	RT16-32
CJ20-25		32	5.5	11	13			93/14	RT16-50
CJ20-40	660	55	11	22	22	1200	120	175/19	RT16-80
CJ20-63		80	18	30	35			480/57	RT16-160
CJ20-100		125	28	50	50			570/61	RT16-250
CJ20-160		200	48	85	85			855/85.5	RT16-315
CJ20-250		315	80	132	—			1710/152	RT16-400
CJ20-250/06		315			190			1710/152	RT16-400
CJ20-400	660	400	115	200	220	600	60	1710/152	RT16-500
CJ20-630		630	175	300	—			3578/250	RT16-630
CJ20-630/06		630	—	—	350			3578/250	RT16-630

CJT1 系列交流接触器主要用于交流 50Hz,额定电压不超过 380V,电流不超过 150A 的电力线路中,作远距离频繁接通与分断线路之用,并与适当的热继电器或电子式保护装置组合成电动机启动器,以保护可能发生过载的电路。CJT1 系列接触器的主要参数和技术性能见表 5.28。

3. 交流接触器的选用

① 接触器类型的选择。根据电路中负载电流的种类来选择。即交流负载应选用交流接触器,直流负载应选用直流接触器。

② 主触点额定电压和额定电流的选择。接触器主触点的额定电压应大于或等于负载电路的额定电压。主触点的额定电流应大于负载电路的额定电流。

③ 线圈电压的选择。交流线圈电压:36V、110V、127V、220V、380V;直流线圈电压:24V、48V、110V、220V、440V;从人身和设备安全角度考虑,线圈电压可选择低一些;但当控制线路简单,线圈功率较小时,为了节省变压

表 5.28 **CJT1 系列接触器的主要参数和技术性能**

型 号		CJT1-10	CJT1-20	CJT1-40	CJT1-60	CJT1-100	CJT1-150
额定工作电压/V		380					
额定工作电流 （AC-1-AC-4,380V）		10	20	40	60	100	150
控制电动机 功率/kW	220 V	2.2	5.8	11	17	28	43
	380 V	4	10	20	30	50	75
每小时操作循环次 数/(次/h)		AC-1,AC-3 为 600,AC-2,AC-4 为 300 CJT1-150 AC-4 为 120					
电寿命 /(万次)	AC-3	60					
	AC-4	2			1		0.6
机械寿命/(万次)		300					
辅助触点		2 常开 2 常闭,AC-15 180V·A;DC-13 60W Ith:5A					
配用熔断器		RT16-20	RT16-50	RT16-80	RT16-160	RT16-250	RT16-315
吸引线圈 消耗功率 /V·A	闭合前 瞬间	65	140	245	485	760	1100
	闭合 后吸持	11	22	30	95	105	116
吸合功率/W		5	6	12	26	27	28

器,可选 220V 或 380V。

④ 触点数量及触点类型的选择。通常接触器的触点数量应满足控制回路数的要求,触点类型应满足控制线路的功能要求。

⑤ 接触器主触点额定电流的选择。主触点额定电流应满足下面条件,即

$$I_{N主触点} \geq P_{N电动机}/[(1\sim1.4)U_{N电动机}]$$

若接触器控制的电动机启动或正反转频繁,一般将接触器主触点的额定电流降一级使用。

⑥ 接触器主触点额定电压的选择。使用时要求接触器主触点额定电压应大于或等于负载的额定电压。

⑦ 接触器操作频率的选择。操作频率是指接触器每小时的通断次

数。当通断电流较大或通断频率过高时,会引起触点过热,甚至熔焊。操作频率若超过规定值,应选用额定电流大一级的接触器。

⑧ 接触器线圈额定电压的选择。接触器线圈的额定电压不一定等于主触点的额定电压,当线路简单、使用电器较少时,可直接选用于 380V 或 220V 电压的线圈,如线路较复杂、使用电器超过 5 个时,可选用 24V、48V 或 110V 电压的线圈。

4. 交流接触器的安装、使用和维护

① 接触器安装前应核对线圈额定电压和控制容量等是否与选用的要求相符合。

② 接触器应垂直安装于直立的平面上,与垂直面的倾斜不超过 5°。

③ 金属底座的接触器上备有接地螺钉,绝缘底座的接触器安装在金属底板或金属外壳中时,亦需备有可靠的接地装置和明显的接地符号。

④ 主回路接线时,应使接触器的下部触点接到负荷侧,控制回路接线时,用导线的直线头插入瓦形垫圈,旋紧螺钉即可。未接线的螺钉亦需旋紧,以防失落。

⑤ 接触器在主回路不通电的情况下,通电操作数次确认无不正常现象后,方可投入运行。接触器的灭弧罩未装好之前,不得操作接触器。

⑥ 接触器使用时,应进行定期的检查与维修。经常清除表面污垢,尤其是进出线端相间的污垢。

⑦ 接触器工作时,如发出较大的噪声,可用压缩空气或小毛刷清除衔铁极面上的尘垢。

⑧ 使用中如发现接触器在切除控制电源后,衔铁有显著的释放延迟现象时,可将衔铁极面上的油垢擦净,即可恢复正常。

⑨ 接触器的触点如受电弧烧黑或烧毛时,并不影响其性能,可以不必进行修理,否则,反而可能促使其提前损坏。但触点和灭弧罩如有松散的金属小颗粒应清除。

⑩ 接触器的触点如因电弧烧损,以致厚薄不均时,可将桥形触点调换方向或相别,以延长其使用寿命。此时,应注意调整触点使之接触良好,每相触点的下断点不同期接触的最大偏差不应超过 0.3mm,并使每相触点的下断点较上断点滞后接触约 0.5mm。

⑪ 接触器主触点的银接点厚度磨损至不足 0.5mm 时,应更换新触

点;主触点弹簧的压缩超程小于 0.5mm 时,应进行调整或更换新触点。

⑫ 对灭弧电阻和软连接,应特别注意检查,如有损坏等情况时,应进行修理或更换新件。

⑬ 接触器如出现异常现象,应立即切断电源,查明原因,排除故障后方可再次投入使用。

⑭ 在更换 CJT1-60、100、150 接触器线圈时,先将安装在静铁心上的缓冲钢丝取下,然后用力将线圈骨架向底部压下,使线圈骨架相的缺口脱离线圈左右两侧的支架,静铁心即随同线圈往上方抽出,当线圈从静铁心上取下时,应防止其中的缓冲弹簧失落。

5. 接触器的常见故障及检修方法

接触器的常见故障及检修方法见表 5.29。

表 5.29　接触器的常见故障及检修方法

故障现象	产生原因	检修方法
接触器线圈过热或烧毁	① 电源电压过高或过低 ② 操作接触器过于频繁 ③ 环境温度过高使接触器难以散热或线圈在腐蚀性气体或潮湿环境下工作 ④ 接触器铁心端面不平,消剩磁气隙过大或有污垢 ⑤ 接触器动铁心机械故障使其通电后不能吸上 ⑥ 线圈有机械损伤或中间短路	① 调整电压到正常值 ② 改变操作接触器的频度或更换合适的接触器 ③ 改善工作环境 ④ 清理擦拭接触器铁心端面,严重时更换铁心 ⑤ 检查接触器机械部分动作不灵或卡死的原因,修复后如线圈烧毁应更换同型号线圈 ⑥ 更换接触器线圈,排除造成接触器线圈机械损伤的故障
接触器触点熔焊	① 接触器负载侧短路 ② 接触器触点超负载使用 ③ 接触器触点质量太差发生熔焊 ④ 触点表面有异物或有金属颗粒突起 ⑤ 触点弹簧压力过小 ⑥ 接触器线圈与通入线圈的电压线路接触不良,造成高频率的通断,使接触器瞬间多次吸合释放	① 首先断电,用螺丝刀把熔焊的触点分开,修整触点接触面,并排除短路故障 ② 更换容量大一级的接触器 ③ 更换合格的高质量接触器 ④ 清理触点表面 ⑤ 重新调整好弹簧压力 ⑥ 检查接触器线圈控制回路接触不良处,并修复

故障现象	产生原因	检修方法
接触器铁心吸合不上或不能完全吸合	① 电源电压过低 ② 接触器控制线路有误或接不通电源 ③ 接触器线圈断线或烧坏 ④ 接触器衔铁机械部分不灵活或动触点卡住 ⑤ 触点弹簧压力过大或超程过大	① 调整电压达正常值 ② 调整接触器控制线路;更换损坏的电气元件 ③ 更换线圈 ④ 修理接触器机械故障,去除生锈,并在机械动作机构处加些润滑油;更换损坏零件 ⑤ 按技术要求重新调整触点弹簧压力
接触器铁心释放缓慢或不能释放	① 接触器铁心端面有油污造成释放缓慢 ② 反作用弹簧损坏,造成释放缓慢 ③ 接触器铁心机械动作机构被卡住或生锈动作不灵活 ④ 接触器触点熔焊造成不能释放	① 取出动铁心,用棉布把两铁心端面油污擦净,重新装配好 ② 更换新的反作用弹簧 ③ 修理或更换损坏零件;清除杂物与除锈 ④ 用螺丝刀把动静触点分开,并用钢锉修整触点表面
接触器相间短路	① 接触器工作环境极差 ② 接触器灭弧罩损坏或脱落 ③ 负载短路 ④ 正反转接触器操作不当,加上联锁互锁不可靠,造成换向时两只接触器同时吸合	① 改善工作环境 ② 重新选配接触器灭弧罩 ③ 处理负载短路故障 ④ 重新联锁换向接触器互锁电路,并改变操作方式,不能同时按下两只换向接触器启动按钮
接触器触头过热或灼伤	① 接触器在环境温度过高的地方长期工作 ② 操作过于频繁或触点容量不够 ③ 触点超程太小 ④ 触点表面有杂质或不平 ⑤ 触点弹簧压力过小 ⑥ 三相触点不能同步接触 ⑦ 负载侧短路	① 改善工作环境 ② 尽可能减少操作频率或更换大一级容量的接触器 ③ 重新调整触点超程或更换触点 ④ 清理触点表面 ⑤ 重新调整弹簧压力或更换新弹簧 ⑥ 调整接触器三相动触点,使其同步接触静触点 ⑦ 排除负载短路故障
接触器工作时噪声过大	① 通入接触器线圈的电源电压过低 ② 铁心端面生锈或有杂物 ③ 铁心吸合时歪斜或机械有卡住故障 ④ 接触器铁心短路环断裂或脱掉 ⑤ 铁心端面不平磨损严重 ⑥ 接触器触点压力过大	① 调整电压 ② 清理铁心端面 ③ 重新装配、修理接触器机械动作机构 ④ 焊接短路环并重新装上 ⑤ 更换接触器铁心 ⑥ 重新调整接触器弹簧压力,使其适当为止

 **定时器**

5.5.1 电动机式定时器与电子式定时器

1. 电动机式定时器

电动机式定时器是指收到输入信号时电动机开始同步动作,在预定时间到达后,实现触点的开闭,如图 5.40 所示。

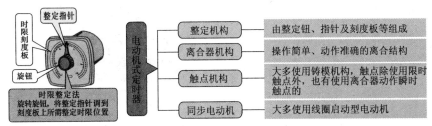

图 5.40 电动机式定时器

电动机式定时器因与电源频率同比例转动,故能长时间准确控制的同时,温度、湿度等变化引起的偏差也很小。时间的设定通过旋转前面的旋钮进行。

2. 电子式定时器

电子式定时器也称 RC 定时器,它是利用电阻 R 和电容 C 的充放电时间常数特性进行时间延迟,从而开闭电磁继电器的触点,如图5.41所示。

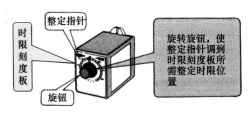

图 5.41 电子式定时器

电子式定时器用三极管来检测与电阻串联的电容上的充电电压,然后进行增幅,使输出继电器动作。

动作时间的整定是通过改变可变电阻的阻值使电容的充电时间常数发生改变进行的。

5.5.2　空气式定时器

空气式定时器如图5.42所示,在操作线圈上外加输入信号时,通过橡胶波纹管中空气的流动使时间延迟,实现触点的开闭,又称为气动定时器。

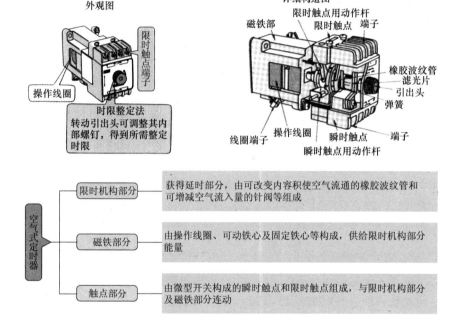

图5.42　空气式定时器

空气式定时器触点的动作如图5.43所示,具体原理如下所述:

① 切断操作线圈电流时(消磁)。切断励磁,可动铁心被解开,控制杆突出。此时橡胶波纹管通过排气阀使内部空气全放出。同时限时、瞬时两触点恢复到无动作状态。

② 操作线圈无电流流过时(无励磁)。可动铁心被解开,橡胶波纹管被控制杆压缩,动作杆和开关全无动作。

③ 操作线圈有电流流过时(励磁)。当操作线圈上有电流流过时,可

动铁心向箭头方向被吸引,控制杆退回,与控制杆连接的瞬时触点动作杆马上动作,瞬时触点(7-8)闭合。橡胶波纹管因内藏弹簧力而开始膨胀,空气通过过滤片、针阀徐徐向橡胶波纹管中流动,当空气充分流入时,限时触点动作,触点(3-4)闭合。

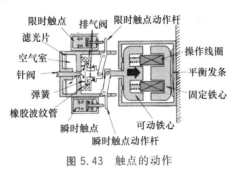

图 5.43　触点的动作

5.5.3　注油壶式定时器

注油壶式定时器是利用电磁继电器中油的制动力来延迟时间的机构,时间精度低,适用于时间精度要求不高的简单的时限控制,如图 5.44 所示。

注油壶式定时器不能进行时间调整故又称为延迟继电器。

当对电磁线圈励磁时,线圈内非磁性金属筒管内的柱塞型球状可动铁心受到筒管中聚硅油制动作用而上升。当达到某一时间后,可动铁心与固定铁心接触,电磁铁的磁通密度急速增加,使可动铁片被固定铁心吸引,与可动铁片连动的触点部分动作。

当对电磁线圈消磁时,可动铁片及触点部分快速恢复到原位置,可动铁心通过自重及弹簧力作用落到筒管内回到原位置。

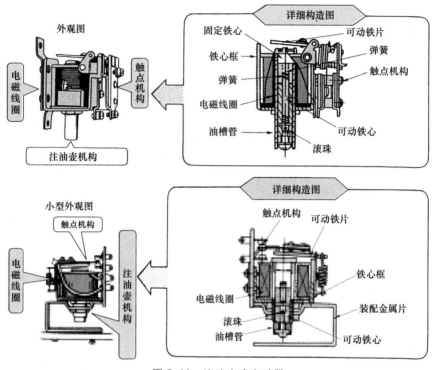

图 5.44 注油壶式定时器

第 6 章

电动机的维护与检修

6.1 电动机的日常与定期检修

为了使电动机(低压三相鼠笼式异步电动机)能够长期可靠地运行,仅有运行期间的维护、检查是不够的,必须从使用它以后就着手进行妥善的保管。

◎ 6.1.1 电动机的长期保管方法

在电动机长期(2～3个月以上)保管期间,要防止雨水、尘埃、异物落入;防止由于浸水、结露导致绝缘电阻下降;防止电动机内外部生锈。以上三点必须重视。

1. 电动机现场到货、安装后的保管

① 现场到货后在安装以前,原则上应用原包装保管。

② 在电动机的轴端面、联轴节、法兰盘面、地脚等机加工外露部位,涂上润滑脂等防锈油,如图6.1所示。

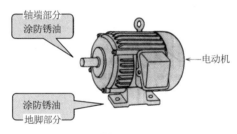

图6.1

③ 端子盒中与电缆相接的部位,在连接好电缆后用乙烯胶带等缠好。

④ 每月测量一次绝缘电阻,确认阻值没有降低。

2. 电动机试运行后的保管

① 电动机的运行尽可能1个月一次以上(由防锈决定,必须定期进行)。

② 按照润滑脂补充铭牌上的规定,定期补充,更换一定数量的润滑脂。

③ 对持续运行的电动机,要根据使用说明书进行维护检修,确认没有异常振动、噪声、温度异常等情况。

6.1.2　电动机的日常检修

所谓日常检修,是指对电动机的停止状态、运行状态进行日常检修。

1.　环　　境

① 用温度计测量,确认冷却介质温度在铭牌上记载的数值以下(在没有记载时,可按-20~40℃考虑)。

② 利用目视观察通风状态,确认吸排气孔没有障碍。

2.　电源状态

① 用电压表测电源电压的变化,确认此变化要在额定值的±2%~±3%以内(虽然电源电压不超过规定值的±10%"并不妨碍使用",但却不能保证电动机的性能、寿命)。

② 用电流表测电流,确定在电动机的额定值以下,并无周期性的振荡。

3.　轴承周边

① 利用听觉、听音棒,听轴承发出的声音,确认没有异常声响、噪声未增大。

② 用手摸或温度计测量,确认轴承温度没有异常上升,而是处在规定温度以下。

③ 用目视观察润滑脂,确认没有泄漏。

4.　外　　观

利用目视,观察定子机座、轴伸出部分有无附着污染物。

5.　运行状态

① 气味。用嗅觉检查,确认没有异味。

② 异常声音。用听觉、听音棒检查,确认与平时无异、噪声未增大。

③ 定子机座。用触觉、温度计检查,确认其没有异常升高。

6.　振　　动

相对于电动机的转速,振动的允许值如图 6.2 所示。

电动机停止时若由他方施加以振动,则轴承转动体的座圈面上会产生相对微小的振动,导致发生微小的磨耗,称为微振磨损,可能造成轴承有异常声音并使破损严重。

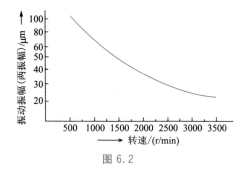

图 6.2

6.1.3　电动机的定期检修

所谓定期检修,是指对电动机易损耗之处、在短时间内不能测量的地方进行定期检修,包括轻度的拆卸,如图 6.3 所示。

1. 连接状态

确认电动机轴的中心与被拖机械(例如泵)轴的中心正确地安装在一条直线上,如图 6.4 所示。

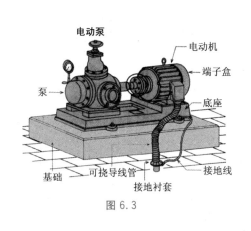

图 6.3

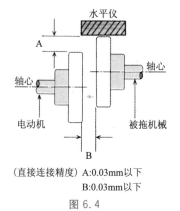

(直接连接精度) A:0.03mm以下
　　　　　　　 B:0.03mm以下

图 6.4

2. 安装状态

确认安装螺栓、地脚螺栓没有松动。

3. 轴　承

确认润滑脂没有泄漏,确认没有混入磨耗粉、异常变色以及混入水分。

4.油 漆

确认油漆没有变色、脱落、损伤、生锈。

5.接 地

确认接地线没有断线,安装螺栓没有松动。

由于电动机的绝缘物也是电介质,因此在定子机座与大地之间产生的电容,与此电容量成比例,会产生电源电压 50%～60% 的感应电压,因此,必须接地。

6.温 升

确认电动机各部位的温度没有超过温升限度,温升限度见表 6.1。

表 6.1 **电动机的温升限度**

电动机部分	绝缘种类	温度计法	电阻法
电枢绕组	E	—	75℃
	B	—	80℃
	F	—	100℃
铁心及其他机械部分(接近绕组的部分)	E	75℃	—
	B	80℃	—
	F	100℃	—
轴 承	在表面测量时为 55℃		

注:所谓温升限度,是指该绝缘类别允许的最高温度与冷却介质温度之差。

7.绝缘电阻的测量

用 500V 绝缘电阻表测量电动机的定子绕组与大地间的绝缘电阻,确认在 1MΩ 以上。

当绝缘电阻低于规定值而又用干燥方法不能使其达到要求时,可送去制造厂家进行修理。

6.2 小型电动机的维护

因为小型电动机在运行时通常很少发生故障,所以很容易被忽视。

应该每年对小型电动机进行两次全面检查,检测其磨损状况,并排除可能导致发生进一步磨损的情况。必须特别关注电动机轴承、断流器及其他易损件;确保污垢及灰尘不会影响通风或造成活动件的堵卡。

1. 正确布线

当安装新电动机或把电动机从一个装置转移到另一个装置上时,应详细检查接线情况。确保使用规格型号能够满足要求的导线为电动机供电。在许多情况下,更换导线能预防发生更严重的损坏。正确布线有助于预防电动机过热,并降低电源成本。

2. 检查内部开关

通常启动绕组开关很少出故障,但是定期排查会使它们有更长的使用寿命。包括用细砂纸清洁触点;确保转轴上操作启动绕组开关的滑动件能够自由移动;核验松动螺钉。

3. 检查负荷状态

定期核验从动负荷。有时机器内部会产生越来越大的摩擦,在电动机上形成过载,因此需要密切关注电动机温度。应使用有合适额定值的熔断器或过载开关对电动机提供保护。

4. 润滑时需特别注意的问题

如果电动机的运行时间为通常运行时间的三倍,那么对润滑的关注程度也应该是平时的三倍。对电动机的润滑应该根据制造商的推荐进行。应该为电动机提供足够的润滑油,但也不要过量。

5. 保持换向器的清洁

不要使直流电动机的换向器布满灰尘或油污。应该用一块洁净的干布或一块用溶剂润湿、不会留下薄膜的布不定期擦拭换向器。如果必要的话,可以使用砂纸,可用0000号或更细的砂纸。

6. 电动机的额定运行参数必须适当

有时需要把电动机从一个工作场合搬到另一个场合,或者当电动机持续短时运行一段时间后,再继续操作机器。只要电动机在不同工况或在一个新的应用场合下运行,一定要确保它有合适的额定参数。电动机通常是根据间歇性负载进行标定的,因为当电动机短时运行时,其内部的温升不会过高。如果把这样的一台电动机用于连续负载场合,将导致电动机过热,引起绝缘功能退化,甚至有可能烧毁电动机。

7. 更换磨损的电刷

应该定期对电刷进行检查,如果必要的话可以更换。在检查时只需要取出电刷,并确保再次装入时一定要装在轴上相同的位置即可。也就是说,电刷重新装入电动机时,电刷在电刷柄中的位置不能转向。由于与换向器配合的接触表面已经"磨损",如果没有在相同位置更换接触面,将导致换向器产生大量火花,并引起功率损失。电刷自然磨损到其长度不足1/4in时,就应该更换新的。

 **电动机轴承的维护**

◎ 6.3.1　球轴承电动机

1. 危险信号

① 电动机与轴承之间的温差突然升高,表示轴承润滑油故障。

② 温度高于润滑油的推荐使用温度,警示轴承的使用寿命降低。工作温度每提高25 ℉,润滑时间(寿命)减半。

③ 轴承噪声伴随着轴承温度的升高而增大,表示出现严重的轴承故障。

2. 球轴承润滑剂的主要作用

① 散发轴承组件之间相互摩擦所产生的热量。

② 保护轴承组件免受灰尘或腐蚀的侵袭。

③ 为防止异物进入轴承提供最大保护。

3. 轴承故障原因

① 轴承中存在由不洁(内有杂质)润滑油或密封失效所致的异物。

② 由于温度过高或污染而导致的润滑脂变质。

③ 轴承内润滑脂过多而导致轴承过热。

◎ 6.3.2　套筒轴承电动机

套筒轴承电动机使用的润滑油必须能够提供把轴承表面和旋转轴组

件完全隔离的油膜,在理论上消除金属与金属之间的直接接触。

1. 润滑油

润滑油因为它的黏附特性及黏度或抗流动性,由电动机旋转轴带动,并在转轴和轴承之间形成一层楔形油膜。当转轴开始运转时,油膜便自动形成,并通过运动得以保持。正向运动在油膜上产生压力,该压力又反过来支撑负载。该楔形油膜是套筒轴承高效流体动力润滑的一种基本特性。如果没有它,不仅不能拖动大负载,反而会导致大的摩擦损耗及轴承的全面破坏。当润滑剂有效并保持足够的油膜时,套筒轴承主要起到保持对正的导向作用。当油膜出现故障时,轴承作为一种安全装置,能防止损坏电动机转轴。

2. 润滑油的选择

所选润滑油要能够为轴承提供最有效的轴承软化,并且不需要频繁更换。好的润滑油是保证低维护费用的不可或缺的一个要素。推荐使用上等润滑油,因为它们是从纯石油中提炼出来的,对需要润滑的金属表面而言完全没有腐蚀性,同时不会有沉积物、灰尘或其他异物,在电动机内部的温度和湿度环境中也比较稳定。就性能而言,已经证明了高价润滑油的长期运行费用更低。

当电动机转轴在旋转时,将形成有多个相对滑动的分层或叠层的油膜。由于组成润滑油油膜的各个分层之间存在相对滑动作用,由此而产生的润滑油黏性(内摩擦)利用黏度来表示。针对特定工作场合选用的润滑油黏度应该保持充分的油性,以防止在油膜形成并达到工作温度以前,在环境温度、低转速、大载荷的影响下出现磨损及咬合。对功率小于 1hp 的电动机,推荐使用低黏度润滑油。由于这种润滑油的内摩擦低,能使电动机实现较高的工作效率,并将轴承的工作温度降到最低。

3. 标准润滑油

环境温度过高或电动机工作温度过高,都会使轴承工作温度超出润滑油的容许温度范围,从而导致使用标准温度范围润滑油润滑的套筒轴承出现破坏性结果。这种破坏性结果包括润滑油黏度降低,润滑油中的腐蚀性氧化物含量增高,通常也会使与轴承表面接触的润滑油质量下降。但是,也有一些特殊润滑油能用于在高温或低温环境中工作的电动机。为电动机慎重选用在轴承工作温度范围内、牌号合适的润滑油,将对电动机性能及轴承的使用寿命产生决定性的影响。

4．磨 损

尽管由于套筒轴承表面相对较软，能够吸收硬颗粒，因而没有球轴承那样对异物敏感，但是可靠的维护保养程序还是建议必须保持润滑油及轴承的洁净。润滑油更换的频率取决于现场工况，如工作的强度、连续性和温度等。合理的润滑油维护保养程序要求对润滑油油位进行定期检测和清洁，且需要每隔六个月补充一次新润滑油。

警告：避免轴承内的润滑油脂过多。在球轴承和套筒轴承电动机中，电动机内的润滑油过多将引起绝缘破坏，这也是导致电动机绕组绝缘失效的最为常见的原因之一。

 **用仪表检查电动机故障**

用电压表和欧姆表可以查找多种故障。读懂电路原理图后，就可以在正确的位置进行电压和电阻测量。如果读数不正常，就能初步确定问题。一旦找到了可能导致故障症候的系统，就可以对系统进行局部断电隔离，再用欧姆表来诊断。集中注意力发现问题后，就可以根据原来的正确读数来定位故障点。与标称读数相差 10％通常意味着存在功能故障。此时，通常应该更换器件，以保证正确的操作，避免故障复现。

6.4.1　用电压-电流表检修电动机故障

对于绝大多数电气设备而言，如果线路电压与铭牌标称的电压额定值相差 ±10％，它们也能正常工作。但在个别情况下，10％的电压降就会造成系统瘫痪。启动和运行时都承受满载的感应电动机，就会发生这种情况。线路电压降低 10％将导致 20％的转矩损耗。

电动机铭牌上标明的满载电流额定值是电动机生产厂同一生产线上多个产品的平均值。单个产品的实际电流可能与额定输出电流值相差 ±10％。但是，如果电动机的负载电流超过额定值的 20％或更多，电动机的寿命就会因为较高的工作温度（发热）而降低。因此，必须查明产生过电流的原因。很多场合，原因仅仅是电动机过载。负载的过载量与电动机负载电流的增加量并不成正比。例如,对单相感应电动机来说,负载电流增加 30% 可导致输出转矩提高 80%。

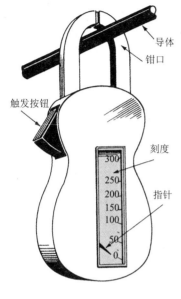

图 6.5 钳形电压-电流表

电气设备的使用条件和动作特性只能通过实际测量才能获得。通过比较测得的端电压和电流,就能判断出设备是否在正常的电气参数下工作。

电压表和电流表可实现两种基本测量。测量电压时,应将电压表的两个测试端与待测线路的接线端相接触。测量电流时,应将普通电流表串联在待测线路中,使电流流经电流表。

串联电流表就意味着必须先对设备断电、拆开线路、连接电流表,然后再给设备通电,以获得电流读数。用完后,还必须再重复上述步骤来拆下电流表。如果需要定位故障点,可能还要进行其他费时的工作。不过,所有这些麻烦可以由钳形电压-电流表来解决,如图 6.5 所示。

6.4.2 钳形电压-电流表

图 6.5 中的便携式钳形电压-电流表可以解决工作中大量的故障排查问题。它无需断开线路即可读取电流值。此表基于变压器原理进行工作。它能拾取载流导体周围的磁力线,根据电流量与磁场强度的函数关系来显示线路中的电流值。

为获得变压器效应,可按动触发按钮打开分裂铁心,然后套住待测线路的导线。使用带分裂铁心的电流-电压表,无需测量端子电压及负载电流,即可解决电动机维修中的多种难题。

6.4.3 接地检查

按照图 6.6 所示的方法连接测试仪表和探针,可检测并判断绕组是否与地短接,或它们是否具有非常低的绝缘电阻。假设线路电压是120V,并使用仪表的最低电压量程挡。如果绕组与外壳短接,表的读数将是供电线路电压值。

高阻接地通常意味着低的绝缘电阻。高阻接地时的读数会比线路电压稍微小一点。如果绕组没有接地,则读数很小或可忽略不计。这种现象主要是由绕组与层叠钢片之间的电容效应引起的。

为了定位绕组的接地部位,需要断开一些连接跳线,然后再进行测试。根据电压读数可判定接地部位。

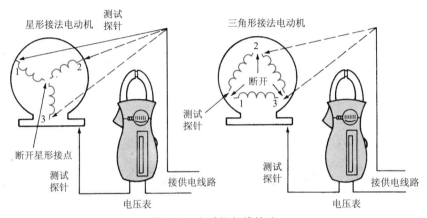

图 6.6 电动机相线接地

6.4.4 开路检查

按图 6.7 和图 6.8 所示的方式连接测试仪表和探针,可检查绕组是否断开。如果绕组断开,就不会有电压读数。如果电路没有断开,电压表上的读数应为全电压。

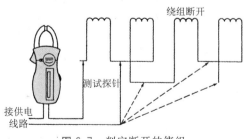

图 6.7 判定断开的绕组

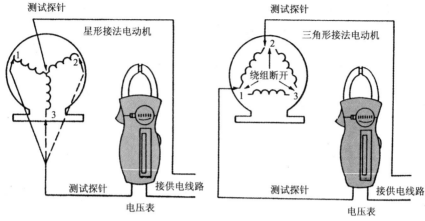

图 6.8 查找断开的绕组

 直流电动机常见故障及排除方法

直流电动机常见故障及排除方法见表 6.2。

表 6.2 直流电动机常见故障及排除方法

故障现象	故障原因及排除方法
发电机的电压不能建立	① 并励绕组接反或并励绕组极性不能调换
	② 并励绕组电路不通
	③ 并励绕组短路
	④ 并励绕组与换向绕组、串励绕组间短路
	⑤ 励磁电路中电阻过大
	⑥ 转子旋转方向错误
	⑦ 转子转速太慢
	⑧ 刷架位置不对
	⑨ 剩磁消失
	⑩ 输出电路中有两点接地造成短路
	⑪ 电刷过短，接触不良
	⑫ 电枢绕组短路或换向片间短路

故障现象	故障原因及排除方法
电动机振动	① 电枢平衡未校好 ② 检修时风叶装错位置或平衡块移动 ③ 转轴变形 ④ 配套时联轴器未校正 ⑤ 安装地基不平
电动机漏电	① 电刷灰和其他灰尘的堆积 ② 引出线碰壳 ③ 电动机受潮,绝缘电阻下降(进行烘干处理) ④ 电动机绝缘老化
电刷下火花过大	① 电刷磨损过量 ② 电刷与换向器接触不良(重新研磨电刷,并使其在半负载下运转1h) ③ 电刷上弹簧压力不均匀 ④ 电刷型号不符合要求 ⑤ 刷握松动 ⑥ 刷杆装置不等分(可利用换向片作基准重新调整刷杆间的距离) ⑦ 刷握离换向器表面距离过大(一般调整到2～3mm) ⑧ 电刷与刷握配合不当 ⑨ 刷杆偏斜(可利用换向器云母槽作为标准,来调整刷杆与换向器的平行度) ⑩ 换向器表面不光洁 ⑪ 换向器偏摆 ⑫ 换向器表面有电刷粉、油污等引起环火 ⑬ 换向器片间云母凸出或片间云母未刮净 ⑭ 刷间中心位置不对 ⑮ 电动机长期超载 ⑯ 换向极绕组匝数不够 ⑰ 换向极极性接错(用指南针检查换向极极性,如极性不对,应重新接线) ⑱ 换向极绕组短路(用电桥测量电阻,如有短路应衬垫绝缘或重新绕制) ⑲ 电枢绕组断路(换向器云母槽中有严重烧伤现象,应拆开电动机,用毫伏表找出电枢绕组断路处) ⑳ 电枢绕组或换向器短路(应检查云母槽中有无铜屑,或用毫伏表测量换向片间电压降的方法检查出短路处) ㉑ 电枢绕组和换向片脱焊 ㉒ 电枢绕组中有部分线圈接反 ㉓ 电压过高

故障现象	故障原因及排除方法
电动机不能启动	① 电源未能真正接通 ② 电动机接线板的接线错误 ③ 电刷接触不良或换向器表面不清洁(重新研磨电刷,检查刷握弹簧是否松弛或整理换向器云母槽) ④ 启动时负载过大 ⑤ 磁极螺栓未拧紧或气隙过小 ⑥ 电路两点接地 ⑦ 轴承损坏或有杂物卡死 ⑧ 电刷位置移动 ⑨ 启动电流太小(启动电阻太大,应更换合适的启动器,或改接启动器内部接线) ⑩ 线路电压太低 ⑪ 直流电源容量过小
电动机转速不正常	① 电源电压过高、过低或波动过大 ② 电刷接触不良 ③ 刷架位置不对(调整刷架位置,需正反转的电机,刷架位置应调在中性线上) ④ 串励电动机轻载或空载运行 ⑤ 电枢绕组短路 ⑥ 复励电机中串励绕组接反 ⑦ 电动机中部分并励绕组断线 ⑧ 并励绕组极性接错
发电机电压过低	① 他励绕组极性接反 ② 主磁极原有垫片未垫,气隙过大 ③ 串励绕组和并励绕组相互接错(在小电动机中可能出现此情况,应拆开重新接线) ④ 电动机转速低 ⑤ 传动带过松 ⑥ 负载过重 ⑦ 复励电动机中串励绕组接反 ⑧ 刷架位置不对(调整刷架座位置,应使刷间电压最高)
轴承过热	① 润滑油变质 ② 轴承室中润滑油加得太少,引起滚珠与滚道干磨发热 ③ 轴承室中润滑油加得过多 ④ 轴承中夹有杂物 ⑤ 挡油圈有毛刺与轴承盖相擦 ⑥ 轴承与轴承挡或轴承与端盖轴承室配合过松 ⑦ 轴承磨损过大或轴承内圈、外圈破裂

故障现象	故障原因及排除方法
轴承过热	⑧ 运转时电动机振动 ⑨ 联轴器安装不当 ⑩ 传动带太紧 ⑪ 所选用的轴承型号不对 ⑫ 轴承未与轴肩贴合
电动机温升过高	① 长期过载 ② 未按规定运行 ③ 斜叶风扇的旋转方向与电动机旋转方向不配合 ④ 风道阻塞 ⑤ 外通风量不够
磁场绕组过热	① 并励绕组局部短路 ② 发电机气隙太大(拆开,调整气隙并垫入钢片) ③ 复励发电机带负载时,电压不足,调整电压后励磁电流过大(电动机串励绕组极性接反,应重新接线) ④ 发电机转速太低
电枢过热	① 电枢绕组或换向器片短路(用压降法测定,排除短路点;如果严重短路,要拆除重新绕制) ② 电枢绕组中部分线圈的出线端接反 ③ 换向极接反(调整换向绕组引线端,消除换向火花) ④ 定子与转子相擦 ⑤ 电动机的气隙不均匀,相差过大,造成绕组内电流不均衡 ⑥ 叠绕组中压线均接错 ⑦ 发电机负载短路 ⑧ 电动机端电压过低

6.6 水泵电动机常见故障及排除方法

水泵电动机常见故障及排除方法见表 6.3。

表 6.3 水泵电动机常见故障及排除方法

故障现象	原 因	排除方法
不能启动或启动比较困难	① 电动机或水泵的轴承损坏并轧住	① 分离电动机与水泵后,先分别转动电动机轴和泵轴,找出损坏的轴承后,更换新轴承

故障现象	原　因	排除方法
	② 水泵内有杂物,并卡住了叶轮 ③ 负载太重	② 分离电动机与水泵后,再拆开水泵,清除杂物 ③ 如未装进、出口阀门的应装上,对已装上进、出口阀门的,在启动前,应使进口阀门全开而出口阀门全关。这样,启动时电动机就处于空(轻)载状态,待空(轻)载启动结束,才可逐渐地开大水泵出口阀门,但需注意,负载电流应小于或等于额定电流值
启动后运转不正常或转速慢	① 负载过重 ② 润滑很差 ③ 水泵内有杂物卡阻,使叶轮转动困难 ④ 电动机两侧的轴承盖未装妥 ⑤ 水泵耗用的功率过大(填料函压缩太紧或机械密封轧死,叶轮松动或损坏,水泵供水量增加等)	① 采用钳形电流表检测负载电流,以确定是否负载过重 ② 先找到润滑很差的轴承,再清洗轴承和轴承盖,然后换上合格的润滑油,其容量应为轴承和轴承盖内总容积的70%,如电动机或水泵的轴承已腐蚀或损坏,应更换新的轴承 ③ 分离电动机与水泵后,再拆开水泵,清除杂物 ④ 将轴承盖止口装进和装平,并在拧紧轴承盖上的螺栓同时,转动电动机转轴达到轻快转动为止 ⑤ 检查更换填料函或机械密封叶轮,水泵出水口阀门开得小一些,以降低流量
电动机或水泵振动过大,出现了严重噪声,电动机过热	① 电动机的转子与定子相擦 ② 转轴弯曲或轴承磨损 ③ 转子不平衡 ④ 转子的风叶碰罩壳 ⑤ 泵轴与电动机轴不在同一中心线上 ⑥ 有杂物进入叶轮或有叶片损坏等 ⑦ 水泵和电动机的安装地基不平,或地脚螺栓上的螺帽松动等	① 先检查端盖止口与机座止口有无磨损、变形或未装配平整,并对端盖与机座装配的位置进行调整,如不奏效,再分别检查和更换有关零件,如轴承磨损应更换、转轴弯曲应矫直或更换、转子或定子的硅钢片有凸出的应锉平或车去、轴承走内圆应在轴上镀金属或尼龙、轴承走外圆应镶套或更换端盖,检修后,用手转动转轴时应能轻快转动 ② 更换转轴或车直镶套(热套),轴承磨损应更换 ③ 校正转子动平衡 ④ 校正风叶 ⑤ 把水泵和电动机的轴中心线对准后,再拧紧地脚螺帽加以固定 ⑥ 停泵清洗,清除杂物或修理水泵叶轮等 ⑦ 应重新调整安装基础,并在各自的地脚螺栓上加弹簧垫圈,然后再拧紧螺帽加以固定

续表 6.3

故障现象	原　因	排除方法
	⑧ 轴承严重缺油或油质不干净等 ⑨ 水泵叶轮转动不平衡 ⑩ 联轴器内橡皮圈磨损	⑧ 如轴承未损坏,应先清洗后再加上合格的润滑油,其容量应为轴承和轴承盖内总容积的70% ⑨ 修理叶轮和传动部分,使叶轮转动平衡 ⑩ 更换橡皮圈
电动机或水泵的轴承过热	① 轴承内没有润滑油 ② 轴承损坏 ③ 泵轴与电动机轴不在同一中心线上 ④ 泵轴或电动机轴弯曲 ⑤ 电动机两侧端盖或轴承盖未装平 ⑥ 润滑油过少或过多或油很差 ⑦ 轴与轴承配合过紧或过松 ⑧ 轴承与端盖配合过紧或过松	① 如检查后轴承未坏,应先清洗,再加上合格适量的润滑油 ② 更换轴承 ③ 把泵轴与电动机轴中心线对准后,再拧紧地脚螺帽加以固定 ④ 轴弯曲应矫直或更换 ⑤ 将端盖或轴承盖装平,在拧紧螺栓的同时,还应转动转轴以达到轻快转动为止 ⑥ 添加或更换润滑油,其容量应为轴承和轴承盖内总容积的70% ⑦ 过紧时重新加工;过松时在轴上设法镶套(热套) ⑧ 过紧时端盖重新加工;过松时应设法在端盖上镶套(热套)

6.7 交流伺服电动机常见故障及排除方法

交流伺服电动机常见故障及排除方法见表 6.4。

表 6.4　交流伺服电动机常见故障及排除方法

故障现象	原　因	排除方法
定子绕组不通	① 固定螺钉伸入机壳过长,损伤了定子绕组端部 ② 引出线折断或接线柱脱焊	① 使用的固定螺钉不宜过长;或在机壳内侧与定子绕组端部之间加保护垫圈 ② 检查引出线或接线柱并消除缺陷
启动电压增大	轴承润滑油干涸	存放时间长时清洗轴承,加新润滑油
转子转动困难,其至卡死转不动	电动机过热后定子灌注的环氧树脂膨胀,使定、转子产生摩擦	电动机不能过热;拆开定、转子,将定子内圆膨胀后的环氧树脂消除
定子绕组对地绝缘电阻降低	① 定子绕组或接线板吸收潮气 ② 引出线受伤或碰端盖、机壳	① 将嵌有定子绕组的部件或接线板放入烘箱(温度80℃左右)除去潮气 ② 清理干净引出线或接线板

续表 6.4

故障现象	原　因	排除方法
发生单相运转现象	① 控制绕组两端并联电容器的电容量不合适 ② 控制电压中存在干扰信号所引起的基波分量和高次谐波分量过大 ③ 伺服放大器内阻过大	① 调整并联电容器电容量 ② 伺服放大器设置补偿电路,使具有相敏特性,消除干扰信号中的基波分量;控制绕组两端并联电容器滤掉干扰信号中的高次谐波分量 ③ 降低伺服放大器内阻;伺服放大器功率输出级加电压负反馈

 **直流伺服电动机常见故障及排除方法**

直流伺服电动机常见故障及排除方法见表 6.5。

表 6.5　直流伺服电动机常见故障及排除方法

故障现象	原　因	排除方法
径向间隙大	① 轴与轴承配合松 ② 轴承与轴承室配合松	① 轴与轴承配合应是轻压配 ② 轴承与轴承室配合应自由滑动,间隙不应过大,过大要更换端盖
轴向间隙大	调整垫片不合适	增加调整垫圈,使轴向间隙达到要求
振动大	① 轴承磨损 ② 径向间隙大 ③ 电枢绕组开路或短路	① 更换轴承 ② 检查径向间隙大的原因,对症修理 ③ 修理或更换电枢,并消除引起故障的原因
轴不转或转动不灵活	① 没有输入电压 ② 轴承紧或卡住 ③ 负载故障 ④ 负载过大 ⑤ 电枢绕组开路 ⑥ 电刷磨损或卡住	① 检查电动机输入端有无电压 ② 修理或更换轴承 ③ 电动机脱开负载,看电动机能否转动,如果能转,则是负载问题,排除负载不转故障 ④ 调整负载 ⑤ 修理或更换电枢,并消除引起故障的原因 ⑥ 清理电刷、刷握
电刷磨损快	① 弹簧压力不适当 ② 换向器粗糙或脏 ③ 电刷偏离中心 ④ 过载 ⑤ 电枢绕组短路 ⑥ 电刷装配松动	① 调整弹簧压力 ② 重新加工换向器或清理 ③ 调整电刷位置 ④ 调整负载 ⑤ 修理或更换电枢,并消除故障原因 ⑥ 调整电刷、刷握尺寸,使之配合适当

故障现象	原　因	排除方法
轴承磨损快	① 联轴器或驱动齿轮不同轴,联轴器不平衡或齿轮啮合太紧,使之径向负载过大 ② 轴承润滑不够或不充分 ③ 过大轴向负载	① 修正机械条件,限制径向负载到要求值以下 ② 改善润滑 ③ 调整减少轴向负载
噪声大	① 轴承磨损 ② 轴向间隙大 ③ 电动机与负载不同轴 ④ 电动机安装不紧固 ⑤ 电动机气隙中有油泥、灰尘	① 更换轴承 ② 调整轴向间隙到要求值 ③ 改善同轴度 ④ 调整安装、保证紧固 ⑤ 噪声为不规则的、断续的、发出刮擦声的,清理电动机气隙
启动电流大	① 电刷磨损或卡住 ② 电枢与定子相擦 ③ 磁场退磁 ④ 电枢绕组短路或开路	① 检查刷握,排除故障,换电刷 ② 排除相擦原因 ③ 再充磁 ④ 修理或更换电枢,并消除故障原因
转速不稳定	① 电刷磨损或卡住 ② 电枢绕组开路、短路或接触不良	① 更换电刷,检查刷握障碍 ② 修理或更换电枢
旋转方向相反	① 电动机引出线与电源接反 ② 磁极接反	① 纠正接线 ② 转动电刷位置
电动机烧坏	同电动机过热原因	检修并消除"过热"的原因
空载转速高	最大脉冲电源超过避免去磁的电源,磁场退磁	充磁
空载电流大	① 电刷磨损或卡住 ② 磁场退磁 ③ 轴承上负载过大	① 检查更换电刷 ② 充磁 ③ 排除过负载
输出力矩低	① 磁场退磁 ② 电枢绕组短路或开路 ③ 电动机摩擦力矩大	① 再充磁 ② 修理或更换电枢,并消除故障原因 ③ 找出增加摩擦力矩原因,例如,轴承磨损、电枢与定子相擦、负载安装不同轴等。对症修理,排除原因
电动机过热	① 过载 ② 轴承磨损 ③ 电枢绕组短路	① 如果所给负载正确,应检查电动机和负载之间的连轴节 ② 更换轴承 ③ 修理或换电枢

步进电动机常见故障及排除方法

步进电动机常见故障及排除方法见表6.6。

表 6.6 步进电动机常见故障及排除方法

故障现象	原 因	排除方法
工作过程中停车	① 驱动电源故障 ② 电动机线圈匝间短路或接地 ③ 绕组损坏 ④ 脉冲信号发生器电路故障	① 检修驱动电源 ② 按普通电动机的检修方法进行 ③ 更换绕组 ④ 检查有无脉冲信号
失步（或多步）	① 负载过大,超过电动机的承载能力 ② 定、转子相擦	① 更换大电动机 ② 解决扫膛故障
无力或输出降低	① 驱动电源故障 ② 电动机绕组内部接线错误 ③ 电动机绕组碰壳、相间短路或线头脱落 ④ 电源电压过低	① 检查驱动电源 ② 纠正接线 ③ 拧紧线头,对电动机绝缘及短路现象进行检查、修复 ④ 调整电源电压使其符合要求
严重发热	把六拍工作方式,用双三拍工作方式运行	按规定工作方式进行
定子线圈烧坏	① 作为普通电动机接在 220V 工频电源上 ② 高频电动机在高频下连续工作时间过长 ③ 在用高低压驱动电源时,低压部分故障,致使电动机长期在高压下工作	① 使用时注意电动机的类型 ② 严格按照电动机工作制度使用 ③ 检修电源电路
不能启动	① 驱动电路故障 ② 遥控时,线路降压过大 ③ 安装不正确,电动机本身轴承、止口或扫膛等使电动机不转 ④ 接线错误,即 N、S 极极性接错	① 检查驱动电路 ② 检查输入电压 ③ 检查电动机 ④ 改变接线

第 **7** 章

常用电动机控制电路维修

 **单向启动、停止控制电路**

1. 工作原理

单向启动、停止控制电路如图 7.1 所示,该电路具有自锁、短路保护和过载保护作用。

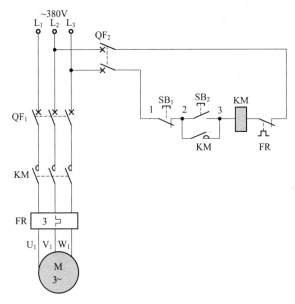

图 7.1　单向启动、停止控制电路

启动:合上主回路断路器 QF$_1$ 和控制回路断路器 QF$_2$,并按下启动按钮 SB$_2$,此时交流接触器 KM 线圈得电吸合,KM 三相主触点闭合,电动机 M 得电运转,同时 KM 辅助常开触点闭合自锁(又称自保),即使松开启动按钮 SB$_2$,由于交流接触器 KM 常开辅助触点的自锁作用,控制电路仍保持接通,交流接触器 KM 线圈仍吸合,使电动机 M 仍继续运转。

停止:按下停止按钮 SB$_1$,交流接触器 KM 线圈断电释放,KM 其三相主触点断开,电动机断电停止工作。

欠压或失压:当交流接触器 KM 线圈工作电压低于额定电压的 85%

时,交流接触器 KM 线圈会因欠压而断电释放,从而起到失压保护作用。实际上这种情况在我们实际工作中经常遇到,如在正常工作中,交流接触器 KM 线圈得电吸合工作,倘若电网出现停电现象,那么此时交流接触器 KM 线圈将失电释放,以保护电动作。即使再来电,电动机也不会再运转,理由很简单,从原理图中可以看出,由于交流接触器 KM 自锁触点断开,必须人为按动启动按钮 SB_2,才能重新操作完成启动控制。

过载保护:倘若电动机在运转中出现过载,那么主回路热继电器 FR 热元件所通过的电流远远超过其额定电流值,此时热继电器 FR 双金属片上缠绕的电阻丝发热,其双金属片由于材料不同而弯曲,推动热继电器 FR 常闭触点断开,切断了交流接触器 KM 线圈回路电源,交流接触器 KM 线圈断电释放,电动机便失去三相电源而停止运转,从而起到过载保护作用。

2. 常见故障及排除方法

① 合上控制断路器 QF_2,交流接触器 KM 线圈就立即吸合,电动机 M 运转。此故障可能原因:一是启动按钮 SB_2 短路,可更换 SB_2 按钮;二是接线错误,电源线 1# 或自锁线 2# 错接到端子 3# 上了,可通过电路图正确连接;三是 KM 交流接触器主触点熔焊,需更换交流接触器主触点;四是交流接触器 KM 铁心极面有油污、铁锈,使交流接触器延时释放(延时时间不一),可拆开交流接触器将铁心极面处理干净;五是混线或碰线,将混线处或碰线处找到后并处理好。

② 按下启动按钮 SB_2,交流接触器 KM 不吸合。此故障可能原因:一是按钮 SB_2 损坏,更换新品即可解决;二是控制导线脱落,重新连接;三是停止按钮损坏或接触不良,更换损坏按钮 SB_1;四是热继电器 FR 常闭触点动作后未复位或损坏,可手动复位,若不行则更换新品;五是交流接触器 KM 线圈断路,需更换新线圈。

③ 按下停止按钮 SB_1,交流接触器 KM 线圈不释放。遇到此种情况,可立即将控制断路器 QF_2 断开,再断开 QF_1 断路器。检修控制电路,其原因可能是 SB_1 按钮损坏,此时需更换新品。另外交流接触器自身故障也会出现上述问题,可参照故障① 加以区分处理。

④ 电动机运行后不久,热继电器 FR 就动作跳闸。可能原因:一是电动机过载,检查过载原因,并加以处理;二是热继电器损坏,更换新品;三

是热继电器整定电流过小,可重新整定至电动机额定电流。

⑤ 控制回路断路器 QF$_2$ 合不上。可能原因:一是控制回路存在短路之处,应加以排除;二是断器自身存在故障,更换新断路器即可。

⑥ 一启动电动机主回路,断路器就跳闸。这可能是主回路交流接触器下端存在短路或接地故障,排除故障点即可。

⑦ 主回路断路器合不上。可参照故障⑤加以处理。

⑧ 电动机运转时冒烟且电动机外壳发烫,热继电器 FR 不动作。此种故障原因是电动机出现严重过载,热继电器损坏所致,可更换新热继电器 FR。有人会问,既然热继电器损坏,那么主回路断路器为什么不动作?原因很简单,电动机过载电流并没有超过断路器脱扣电流,所以断路器 QF$_1$ 未动作。

⑨ 电动机不转或转动很慢且伴有"嗡嗡"声。此种故障原因为电源缺相。应立即切断电源,找出缺相故障并加以排除。需提醒的是,遇到此故障时,千万不能在未找到毛病之前反复试车,很容易造成电动机绕组损坏。

⑩ 按下启动按钮 SB$_2$,交流接触器 KM 线圈得电吸合,电动机运转;松开启动按钮 SB$_2$,交流接触器 KM 线圈立即释放。此故障是缺少自锁。原因一是交流接触器 KM 辅助常开触点损坏或接触不良(2$^{\#}$线与3$^{\#}$线之间),解决方法是控制或更换 KM 辅助常开触点;二是 SB$_1$ 与 SB$_2$ 之间的 2$^{\#}$ 线连至 KM 辅助常开触点上的连线脱落,此时连接好脱落线即可;三是 SB$_2$ 与 KM 线圈之间的 3$^{\#}$ 线连至 KM 辅助常开触点上的连线脱落或断路,恢复脱落处,连接好断路点即可。

⑪ 按下启动按钮 SB$_2$,交流接触器 KM 电磁噪声很大。此故障为接触器短路环损坏或铁心极面生锈或有油污,以及接触器动、静铁心距离变大所致,请参见交流接触器常见故障排除方法相关内容。

7.2 启动、停止、点动混合控制电路

1. 工作原理

启动、停止、点动混合控制电路如图 7.2 所示。

启动：按下启动按钮 SB_2，交流接触器 KM 线圈得电吸合且 KM 辅助常开触点与点动按钮 SB_3 常闭触点相串联组成自锁回路，其三相主触点闭合，电动机得电运转。

停止：按下停止按钮 SB_1，交流接触器 KM 线圈失电释放，其三相主触点断开，切断了电动机电源，电动机停止运转。

点动：按下点动按钮 SB_3，SB_3 按钮用了两组触点，一组常闭触点切断了交流接触器 KM 辅助常开自锁回路，另一组常开触点则闭合来接通交流接触器 KM 线圈工作，从而完成点动操作。

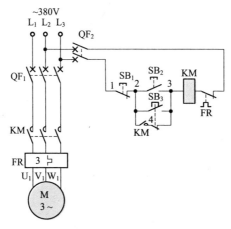

图 7.2 启动、停止、点动混合控制电路

2. 常见故障及排除方法

① 按下 SB_2 启动按钮，交流接触器 KM 线圈吸不住。可能原因：一是供电电压低，需要测量并恢复供电电压；二是交流接触器动、静铁心距离相差太大（但此故障伴有很大的电磁噪声，应加以区分并分别排除故障），可通过在静铁心下面垫纸片的方式来调整动、静铁心之间的距离，排除相应故障。

② 一合上控制回路断路器 QF_2，交流接触器 KM 线圈就吸合。此时可用一只手按下停止按钮 SB_1 不放，再用另一只手轻轻按住点动按钮 SB_3（注意不要用力按到底），再将停止按钮 SB_1 松开，若此时交流接触器线圈不吸合，再将点动按钮 SB_3 松开，倘若交流接触器 KM 线圈吸合了，此故障应为 SB_3 点动按钮接线错误，通常最常见的故障是 SB_3 一组常闭

触点应与 KM 辅助常开自锁触点相串联后并联在 SB_2 按钮开关上的,而上述故障出现错误为 SB_3 一组常闭触点、KM 辅助常开自锁触点及 SB_3 常开触点、SB_2 常开触点全部并联起来了。由于 SB_3 常闭触点的作用,所以一送电,交流接触器 KM 线圈回路就得电工作。断开控制回路断路器 QF_2,对照图纸恢复接线,故障排除。

7.3 接触器、按钮双互锁可逆启停控制电路

1. 工作原理

图 7.3 所示为接触器、按钮双互锁可逆启停控制电路。

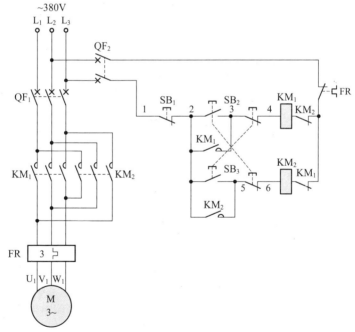

图 7.3　接触器、按钮双互锁可逆启停控制电路

在正转启动时,其启动按钮 SB_2 的常闭触点首先断开了反转接触器 KM_2 线圈回路电源(第一种互锁保护),当正转交流接触器 KM_1 线圈得

电吸合后,KM₁ 串联在 KM₂ 线圈回路中的常闭触点又断开(进行第二种互锁保护),使 KM₂ 线圈无法得电吸合动作,反转电路与正转电路相同。这样,无论在正转或反转操作时,不用先按下停止按钮 SB₁ 即可任意正、反转启动。同时还可避免因交流接触器主触点发生熔焊分不断时出现短路事故。

2. 常见故障及排除方法

① 正反转操作均无反应(控制回路电压正常)。此故障原因最大可能在公共电路,即停止按钮 SB₁ 断路;热继电器 FR 常闭触点断路。用万用表检查上述两只电器元件是否正常,找出故障点加以排除。

② 反转启动变为点动。此故障为反转交流接触器 KM₂ 自锁触点损坏所致。检查 KM₂ 自锁回路故障即可排除。

③ 正转启动正常,但按下停止按钮 SB₁ 时,交流接触器 KM₁ 线圈不释放,若按住 SB₁ 很长时间 KM₁ 才能释放恢复原始状态。此故障为 KM₁ 铁心极面脏所致。用细砂纸或干布擦净 KM₁ 动、静铁心极面后故障消除。

7.4 频敏变阻器启动控制电路

1. 工作原理

频敏变阻器启动控制电路如图 7.4 所示,频敏变阻器是一种无触点电磁元件,类似一个铁心损耗特别大的三相电抗器。它的特点是阻抗随通过电流频率的变化而改变。由于频敏变阻器是串联在绕线式电动机的转子电路中,在启动过程中,变阻器的阻抗将随着转子电流频率的降低而自动减小,电动机平稳地启动起来后,再短接频敏变阻器,使电动机正常运行。频敏变阻器由数片厚钢板和线圈组成,线圈为星形接法。

在使用频敏变阻器时应注意以下问题:

① 启动电动机时,启动电流过大或启动太快时,可换接线圈接头,因匝数增多,启动电流和启动转矩便会同时减小。

② 当启动转速过低,切除频敏变阻器冲击电流过大时,则可换接到

匝数较少的接线端子上,启动电流和启动转矩就同时增大。

③ 频敏变阻器在使用一段时间后,要检查线圈对金属壳的绝缘情况,应经常进行表面灰尘清除工作。

④ 如果频敏变阻器线圈损坏时,则可用 B 级电磁线按原线圈匝数和线径重新绕制。

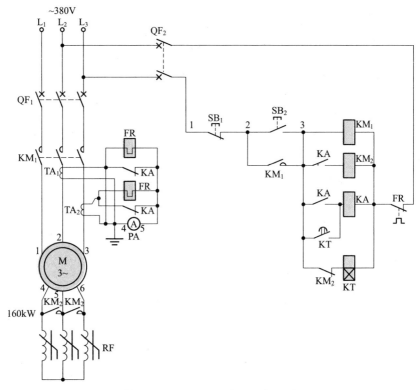

图 7.4　频敏变阻器启动控制电路

频敏变阻器启动控制电路是利用频敏变阻器的阻抗随着转子电流频率的变化而变化的特点来实现的。

启动时,按下启动按钮 SB₂,KM₁ 得电动作,其常开辅助触点闭合自锁,电动机转子电路串入频敏变阻器 RF 启动。当得电延时时间继电器 KT 达到整定时间后,其延时闭合的常开触点闭合,中间继电器 KA 得电动作,其常开触点闭合,KM₂ 线圈得电动作,常闭触点断开,使时间继电器 KT 线圈断电释放,同时常开触点闭合,将频敏变阻器短接,启动过程结束(其延时时间可根据实际情况而定)。

KA 的作用是在启动时,由其常闭触点将热继电器 FR 的发热元件短接,以免因启动时间过长造成热继电器 FR 误动作。启动结束后,KA 动作,其常闭触点断开 FR 热元件,热继电器 FR 投入运行。

2.常见故障及排除方法

① 按启动按钮 SB_2 时,无频敏变阻器降压而直接全压启动。观察配电箱内电器元件动作情况,在按动启动按钮 SB_2 时,交流接触器 KM_1、时间继电器 KT 瞬间吸合又断开,使中间继电器 KA、交流接触器 KM_2 线圈均得电吸合工作,由于交流接触器 KM_1、KM_2 同时吸合,那么 KM_2 主触点将频敏变阻器短接了起来,电动机就会直接全压启动了。从上述电器元件动作情况分析,时间继电器 KT 线圈瞬间吸合又断开,说明时间继电器 KT 动作正常,可能是 KT 延时时间过短所致。重新调整时间继电器 KT 的延时时间,故障排除。

② 按启动按钮 SB_2,电动机一直处于降压启动,而无法正常全压运行。观察配电箱内电器元件动作情况,此时交流接触器 KM_1、时间继电器 KT 线圈一直吸合,经很长时间 KT 也不转换,进入不了全压控制。根据上述情况,故障由于时间继电器 KT 损坏所致,更换一只新的时间继电器并重新调整其延时时间即可解决。

③ 按动启动按钮 SB_2,电动机一直处于降压启动状态。观察配电箱内电器元件动作情况,在按动启动按钮 SB_2 时,交流接触器 KM_1、时间继电器 KT 线圈得电吸合且 KM 自锁,经延时后,KT 触点转换,中间继电器 KA 吸合且自锁,但接通不了交流接触器 KM_2 线圈,也断不了时间继电器 KT 线圈。从元器件动作情况可以分析,故障原因为 KM_2 线圈断路;KA 常开触点断路,用短接法或万用表测量其电器元件是否损坏,若损坏则更换新品。

7.5 用手动按钮控制转子绕组三级串对称电阻启动控制电路

1.工作原理

本电路采用手动按钮控制转子绕组三级串对称电阻启动控制电路。

启动分三级逐级手动切换,随着转子绕组电阻的逐级切除,电动机的转速
也会随电阻的切除而逐级加速,最后将全部电阻切除,电动机进入额定转
速状态,整个启动过程结束。

如图 7.5 所示,首先合上主回路断路器 QF_1 和控制回路断路器
QF_2,指示灯 HL_1 亮,说明电源正常。

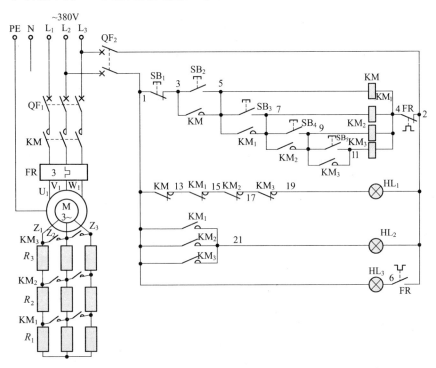

图 7.5　用手动按钮控制转子绕组三级串对称电阻启动控制电路

第一次按下启动按钮 SB_2(3-5),定子电源交流接触器 KM 线圈得电
吸合,KM 辅助常开触点(3-5)闭合自锁,KM 三相主触点闭合,电动机的
转子回路中串入三级电阻 R_1、R_2、R_3 进行第一级启动;KM 辅助常闭触
点(1-13)断开,KM 辅助常开触点(1-21)闭合,指示灯 HL_1 灭,HL_2 亮,
说明电动机已进行启动。

随着电动机的运转,第二次按下加速启动按钮 SB_3(5-7),交流接触
器 KM_1 线圈得电吸合,KM_1 辅助常开触点(5-7)闭合自锁,KM_1 主触点
闭合,短接电阻器 R_1,使电动机转子电阻减小,电动机加速运转。此时,

第一组电阻器 R_1 被 KM_1 切除掉。

随着电动机的运转速度进一步提高,第三次按下加速启动按钮 SB_4(7-9),交流接触器 KM_2 线圈得电吸合,KM_2 辅助常开触点(7-9)闭合自锁,KM_2 主触点闭合,短接电阻器 R_2,使电动机转子电阻进一步减小。电动机再进一步加速运转。此时,第二组电阻器 R_2 被 KM_2 切除掉。

经过切除两级电阻器 R_1、R_2 后,电动机的转速逐渐提高,此时第四次按下启动按钮 SB_5(9-11),交流接触器 KM_3 线圈得电吸合,KM_3 辅助常开触点(9-11)闭合自锁,KM_3 主触点闭合,将最后一级电阻器 R_3 短接了起来,电动机转速到额定值,电动机按额定转速运转。此时,电阻器 R_1、R_2、R_3 被全部切除。整个启动过程结束。

停止时则按下停止按钮 SB_1(1-3)即可。

图中指示灯 HL_3 为电动机过载指示,当电动机出现过载时,指示灯 HL_3 亮。说明电动机已过载退出运行了。

本电路存在一个最大缺陷,就是当同时按下四只启动按钮 SB_2、SB_3、SB_4、SB_5 时,会造成电动机直接全压启动问题,很不安全。请使用者引起注意,并加以防范,以免误按造成事故发生。

2. 常见故障及排除方法

① 按启动按钮 SB_2(3-5)时,绕线式电动机全速启动。其故障原因为交流接触器 KM_3 三相主触点熔焊或 KM_3 机械部分卡住。检查 KM_3 三相主触点及机械部分恢复其正常,故障即可排除。

② 按启动按钮 SB_2(3-5)时,为点动操作。此故障原因为 KM 辅助常开自锁触点(3-5)损坏。检查并更换此自锁常开触点后故障即可排除。

③ 按 SB_2(3-5)正常,再按 SB_3(5-7)、SB_4(7-9)、SB_5(9-11)均无效。其故障原因为按钮 SB_3 损坏或导线脱落;交流接触器 KM_1 线圈断路或导线脱落。对于第一种原因,用万用表或测电笔检查 SB_3 是否正常,连接导线是否脱落,找出故障所在,故障即可排除;对于第二种原因,检查 KM_1 线圈是否断路,若断路,则更换新品;若连接导线脱落,将其正确恢复后故障排除。

自耦变压器自动控制降压启动电路

1. 工作原理

图 7.6 所示为自耦变压器自动控制降压启动电路。

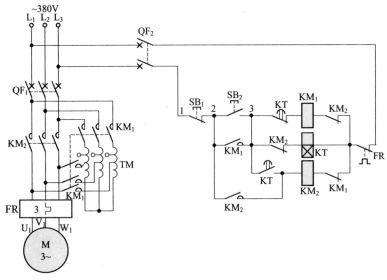

图 7.6 自耦变压器自动控制降压启动电路

启动: 按下启动按钮 SB_2, 降压交流接触器 KM_1 线圈得电吸合且自锁, KM_1 三相主触点闭合将自耦变压器 TM 串入电动机电源回路, 电动机降压启动; 同时, 时间继电器线圈 KT 得电吸合并开始延时, 经过设定时间后, KT 延时断开的常闭触点切断降压交流接触器 KM_1 线圈电路, 使自耦变压器退出启动, KT 延时闭合的常开触点闭合, 接通全压交流接触器 KM_2 线圈电源, KM_2 三相主触点闭合, 电动机转为全压运行。

停止: 按下停止按钮 SB_1, 全压交流接触器 KM_2 线圈断电释放, 其三相主触点断开, 电动机便断电停止运转。为了保证电路正常工作, 将自保触点 KM_1 换成 KT 时间继电器不延时瞬动常开触点作为自锁触点效果极为理想, 如图 7.7 所示。

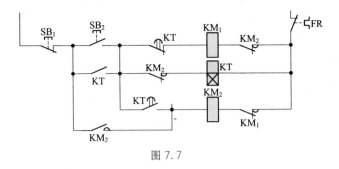

图 7.7

2. 常见故障及排除方法

① 启动时一直为降压状态,无法转换为正常运转。从配电箱内电气元件动作情况发现,时间继电器 KT 未工作。从原理图中可以分析出,启动时按下启动按钮 SB$_2$,降压交流接触器 KM$_1$ 和时间继电器 KT 线圈均得电吸合且 KM$_1$ 自锁,KM$_1$ 主触点闭合,电动机接入自耦变压器进行降压启动。但由于时间继电器 KT 线圈不工作,KT 无法切断 KM$_1$ 线圈电源,也就是无法使自耦变压器 TM 退出启动,一直处于启动状态;同时 KT 也无法接通 KM$_2$ 线圈回路电源,也就是说,电动机无法进入全压运行,所以,电动机只能处于长时间启动而无法全压运行。检查时间继电器 KT 线圈是否损坏;检查串联在时间继电器 KT 线圈回路中的常闭触点是否断路,更换上述故障器件后电路工作正常。

② 按启动按钮 SB$_2$,电动机启动正常,待启动完毕,电路不正常立即停止下来而无法进入全压运行。从电路原理图中可以分析出,当按下启动按钮 SB$_2$ 后,交流接触器 KM$_1$ 和时间继电器 KT 线圈均得电工作,KM$_1$ 主触点闭合,电动机通过自耦变压器降压启动;待经 KT 延时后,KT 延时断开的常闭触点断开,切断了 KM$_1$ 线圈回路电源,KM$_1$ 三相主触点断开,切断了自耦变压器回路电源,使电动机启动完毕,但由于 KM$_2$ 不工作,才会出现上述现象。其故障原因为 KT 延时闭合的常开触点损坏;KM$_2$ 线圈断路;KM$_1$ 串联在 KM$_2$ 线圈回路中的常闭触点损坏。若降压启动完毕后能瞬间全压运行一下又停止,则故障为自锁触点 KM$_2$ 损坏所致。用万用表检查上述各器件,找出故障器件,更换后即可解决。

7.7 电磁调速控制器应用电路

电磁调速控制器是用于电磁调速电动机(又称为滑差电动机,简称滑差电机)的调速控制,实现恒转矩无级调速。

图7.8所示为常用的JD1A型电磁调速控制器的电气原理图。

JD1A型电磁调速控制器由速度调节器、移相触发器、晶闸管整流电路及速度负反馈等环节所组成。速度指令信号电压和速度负反馈信号电压比较后,其差值信号被送入速度调节器进行放大,放大后的信号电压与锯齿波相叠加,控制了三极管的导通时间,产生了随着差值信号电压改变而移动的脉冲,从而控制了晶闸管的导通角,其输出电压也随着变化,使滑差离合器的励磁电流得到了控制,即滑差离合器的转速随着励磁电流的改变而改变。由于速度负反馈的作用,使滑差转速电动机实现恒转矩无级调速。

输出转速应随面板上转速指令电位器的转动而变化。

1. JD1A、JD1B型电磁调速控制器的调整

转速表的校正:面板上的转速表的指示值正比于测速发电机的输出电压,由于每台测速发电机的输出电压有差异,必须根据电磁调速电动机的实际输出转速对转速表进行校正。调节转速指令电位器,使电动机运转到某一转速时,用轴测试转速表或数字转速表测量电动机的实际输出转速,如果面板上的转速表所指示的值与实际转速不一致,可以调整面板上的"转速表校正"电位器,使之一致。

最高转速整定:此种整定方法就是对快速反馈量的调节,将速度指令电位器顺时针方向转至最大,并调节"反馈量调节"电位器,使之转速达到电磁调速电动机的最高额定转速(≤15kW为1250r/min,≥15kW为1320r/min)。

2. JD1A、JD1B型电磁调速控制器的安装使用和维护

在测试开环工作状况时,7芯航空插座的3、4芯接入负载后,输出才是0~90V的突跳电压;如果不接负载,输出电压可能不在上述范围内。

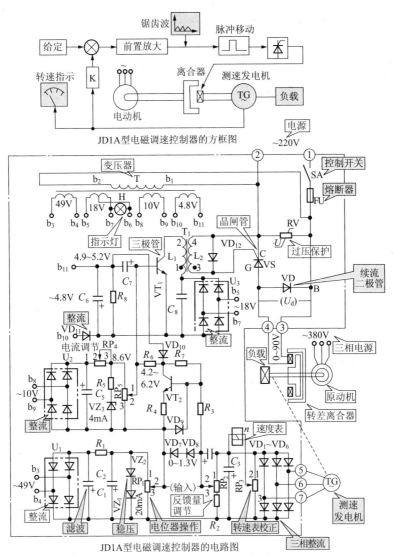

图 7.8 JD1A 型电磁调速控制器的电气原理图

面板上的反馈量调节电位器应根据所控制的电动机进行适当的调节。反馈量调节过小,会使电动机失控;反馈量调节过大,会使电动机只能低速运行,不能升速。

面板上的转速表校准电位器在校正好后应将其锁定。否则,如果其

207

逆时针转到底时,会使转速表不指示。

运行中,若发现电动机输出转速有周期性的摆动,可将7芯插头上接到励磁线圈的3、4线对调;对JD1B型,应调节电路板上的"比例"电位器,使之与机械惯性协调,以达到更进一步的稳定。

3. JD1A、JD1B型电磁调速控制器的试运行

JD1A、JD1B型电磁调速控制器应按图7.9所示电路正确接线。

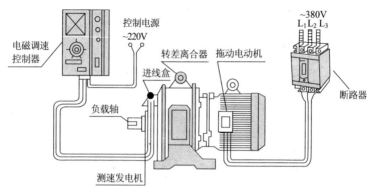

图7.9　电磁调速控制器与电磁调速电动机的连接

接通电源,合上面板上的主令开关,当转动面板上的转速指令电位器时,用100V以上的直流电压表测量面板上的输出量测点,应有0～90V的突跳电压(因测速负反馈未加入时的开环放大倍数很大),此时认为开环时工作基本正常。

启动交流异步电动机(原动机)使系统闭环工作,此时电动机的输出转速应随面板上转速指令电位器的转动而变化。

4. 电磁调速控制器的常见故障及检修方法

电磁调速控制器的常见故障及检修方法见表7.1。

表7.1　电磁调速控制器的常见故障及排除方法

故障现象	原　因	排除方法
转速不能调节,仅能高速运行不能低速运行	① 转子有相擦现象 ② 反馈量未加入,反馈量调节电位器在极限位置 ③ 晶闸管供电电压与同步信号电压极性接错,触发信号不同步	① 检查电动机,重新装配 ② 检查反馈量调节电位器,必要时更换 ③ 改变同步信号电压极性,将b_{10}、b_{11}抽头接线互换

故障现象	原　因	排除方法
电网电压波动严重影响转速稳定	速度指令信号电压波动大，稳压管 VS_1、VS_2 损坏	更换 VS_1、VS_2，调节 R_1，使电流不致过大或过小，输出电压达 16V
某一转速运行时，周期性摆动现象严重	① 励磁绕组接线接反 ② 加速电容 C_4、C_7 损坏	① 改变励磁绕组接线头 3、4 的极性 ② 更换电容 C_4、C_7
接通电源后，熔丝熔断	① 引出线接错 ② 续流二极管 VD 接反或击穿 ③ 变压器短路 ④ 压敏电阻 RU 击穿短路	① 检查及整理各引出线 ② 检查 VD 及晶闸管 VT，若损坏应调换 ③ 检查、修理变压器 ④ 更换 RU
接通电源指示灯亮，但电动机不运转	① 印制电路板上没有工作电源 ② 速度指令电位器 RP_1 断路 ③ 励磁回路 3、4 断开 ④ 晶体管 V_1、V_2 损坏 ⑤ 晶闸管 VT 开路 ⑥ 脉冲变压器 T_1 无输出 ⑦ 印制电路板插脚接触不良	① 检测变压器 ② 测量 RP_1 输出电压，在 VD_7、VD_8 两端应测得电压变化为 0～1.3V ③ 检查励磁回路接线 ④ 检测 V_1、V_2，若损坏应调换 ⑤ 检查 VT ⑥ 检查 T_1，测量 R_6 两端电压应在 4.2～6.2V 间变化，用示波器观察 VD_{12} 两端为能够移动的脉冲波 ⑦ 重新接插
当快速调节时电动机不转动，而在极缓慢转动调速电位器时，电动机才能转动或动一下就停止了	由于前置放大输出电压过高，即"移相过头"，使晶闸管导通角过大而关闭。其原因是温升或 R_4、R_7 损坏	要换 R_4 后使阻值增大，直至晶闸管导通角恢复为止。如还不行，则更换正向阻值较大的 V_2 再接上
特性硬度下降，调速电位器已到零位，仍有励磁输出	① 初始零位调节不当 ② 使用环境温度过高	① 调节 R_7，使调速电位器在零位时晶闸管无励磁输出 ② 改善环境
表指示与实际转速不一致或无法调节（过低）	① 测速发电机退磁 ② 测速发电机的一相断路或短路	① 调节 RP_3，使之阻值减小 ② 测量三相测速发电机电压是否平衡
离合器只能低速运行，不能升速	① 续流二极管 VD 开路 ② 反馈量过大	① 更换 VD ② 调节反馈量调节电位器

7.8 用三只欠电流继电器作电动机断相保护电路

1. 工作原理

图 7.10 所示电路采用三只欠电流继电器来进行三相异步电动机的断相保护。启动前,合上主回路断路器 QF_1、控制回路断路器 QF_2,指示灯 HL_1 亮,说明电路电源正常。

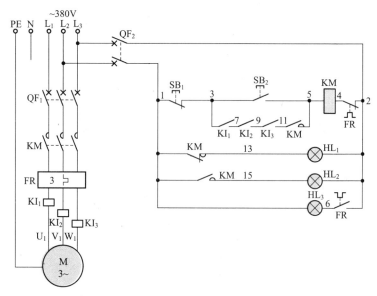

图 7.10 用三只欠电流继电器作电动机断相保护电路

启动:按下启动按钮 SB_2(3-5),交流接触器 KM 线圈得电吸合,KM 三相主触点闭合,电动机得电启动运转;当电动机电流大于欠电流继电器 KI_1、KI_2、KI_3 整定电流时(其电流为电动机正常运行电流),欠电流继电器 KI_1、KI_2、KI_3 线圈吸合动作,其三只欠电流继电器的常开触点 KI_1(3-7)、KI_2(7-9)、KI_3(9-11)均闭合,与 KM 辅助常开触点(5-11)已闭合,共同形成自锁回路,使交流接触器 KM 线圈继续得电吸合工作,电动机继续得电运转。同时指示灯 HL_1 灭,HL_2 亮,说明电动机已启动运行。

断相：接在断相上的欠电流继电器线圈将会断电释放，其串联在交流接触器 KM 线圈回路中的常开触点断开，使交流接触器 KM 线圈断电释放，KM 三相主触点断开，电动机断电停止运转，从而起到断相保护作用。同时，指示灯 HL₂ 灭，HL₁ 亮，说明电动机已停止运行。

短路：主回路断路器 QF₁ 动作脱扣，从而切断电动机电源。

过载：热继电器 FR 动作，其常闭触点(2-4)断开，切断 KM 线圈回路电源，KM 线圈断电释放，KM 三相主触点断开，使电动机脱离三相电源而停止；同时 FR 常开触点(2-6)闭合，指示灯 HL₃ 亮，说明电动机已过载了。

2. 常见故障及排除方法

① 按启动按钮 SB₂(3-5)，交流接触器 KM 线圈得电吸合，但自锁不了。此故障为 KM 辅助常开触点(5-11)、欠电流继电器 KI₁、KI₂、KI₃ 常开触点(3-7、7-9、9-11)有损坏不能闭合所致，用万用表或测电笔检查并排除。

② 指示灯 HL₃ 亮，操作启动按钮 SB₂ 无效。因指示灯 HL₃ 亮，表示电动机已经过载了，热继电器 FR 已保护动作了，其串联在 KM 线圈回路中的常闭触点(2-4)已断开，所以操作 SB₂ 无效。可通过手动方式按动热继电器 FR 上的复位按钮使热继电器复位，若复位按钮按动后，指示灯 HL₃ 熄灭，说明热继电器已复位。此时，先不要急于启动电动机，重新检查热继电器 FR 整定电流设置是否过小，通常整定值按电动机额定电流设置，机械设备是否过载并排除后，再启动电动机。

③ 操作 SB₂ 时，KM₂ 动作正常，电源指示灯 HL₁ 灭，但运转指示灯 HL₂ 不能点亮。此故障为 KM 辅助常开触点(1-15)、指示灯 HL₂ 损坏所致，可分别检查试之即可排除。

④ 电动机启动运转后，按停止按钮 SB₁(1-3)无效，电动机仍继续运转。此故障为 KM 主触点熔焊、KM 机械部分卡住、KM 铁心极面有油脂造成释放缓慢所致。可通过断开控制回路断路器 QF₂ 试之。出现上述故障时，断开 QF₂，若过一段时间 KM 能自行释放，电动机停止运转，说明故障是因 KM 铁心极面有油脂所致；若断开 QF₂ 一段时间后，KM 不能释放，说明故障发生在前两者中，可分别检查 KM 主触点或拆开 KM 检查存在卡住处，并排除。

7.9 防止电动机进水、过热停止保护电路

1. 工作原理

防止电动机进水、过热停止保护电路如图7.11所示。

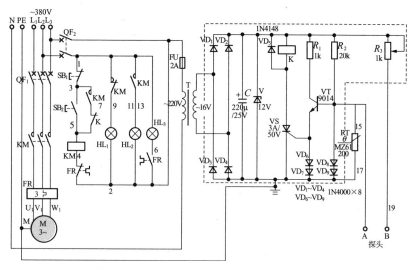

图7.11 防止电动机进水、过热停止保护电路

启动: 按下启动按钮(3-5), 交流接触器 KM 线圈得电吸合且辅助常开触点(3-7)自锁, KM 三相主触点闭合, 主电路电源被接通, 电动机通以三相交流电源而启动运转。同时指示灯 HL₂ 亮, 说明电动机已运行工作。

无过热、进水故障时: 现在电动机绕组内的正温度系数的热敏电阻 RT 没有受高温变化, 所以其阻值非常小, 从而说明电动机没有过热, 所以三极管 VT 仍处在截止状态, 无法触发可控硅 VS, VS 因无触发信号而关断, 小型灵敏继电器 K 线圈不能吸合动作, K 串联在接触器 KM 线圈回路中的常闭触点(5-7)仍处于闭合状态, 对电动机控制回路不作控制; 另外探头 A、B 因没有进水而没有被短接, 那么三极管 VT 不导通, 可控硅 VS 仍阻断, 小型灵敏继电器 K 线圈因得不到电源而不吸合, 其常闭触点仍处于常闭状态,对电动机控制回路不起控制作用。

断相过热保护:当电动机绕组出现过热时(超出允许温升),埋在电动机绕组内的正温度系数热敏电阻 RT 的阻值会突然增大至几百乃至上千倍,立即改变了电阻 RT 与 R_2 的分压比,从而将三极管 VT 的基极电压抬高了很多,三极管 VT 迅速饱和导通,触发可控硅 VS 导通,使小型灵敏继电器 K 线圈得电吸合,K 常闭触点(5-7)断开,切断了交流接触器 KM 线圈电源,KM 断电释放,KM 三相主触点断开,电动机断电停止运转,使得电动机绕组不因过热而被烧毁。

进水保护:当探头 A、B 两端被水短接后,三极管 VT 因电位器 RP 提供的基极电流而饱和导通,并将可控硅触发导通后,小型灵敏继电器 K 线圈得电吸合动作,K 串联在交流接触器线圈回路中的常闭触点(5-7)断开,切断了交流接触器 KM 线圈电源,KM 断电释放,其三相主触点断开,电动机断电退出运行,从而起到电动机进水时的保护作用。

过载保护:当运行中电动机出现过载时,热继电器 FR 热元件发热弯曲,推动其控制触点动作,FR 常闭触点(2-4)断开,切断交流接触器 KM 线圈电源,使 KM 断电释放,KM 三相主触点断开,电动机断电停止工作。同时 FR 常开触点(2-6)闭合,接通过载指示电路,指示灯 HL_3 亮,说明电动机已过载。

2. 常见故障及排除方法

① 按启动按钮 SB_2(3-5),交流接触器 KM 线圈得电吸合,但不能自锁。通过检查电动机没有出现绕组过热现象,也没有水浸到电动机内,这时可将配电盘外接端子 19 从端子上拆下来,并将端子 15、17 用导线短接起来。用通、断控制回路断路器 QF_2 来观察配电盘内小型灵敏继电器 K 的动作情况,发现一合上断路器 QF_2 时 K 就吸合,一断开 QF_2 时 K 就释放。根据以上情况分析,故障原因为:三极管 VT 击穿短路损坏;可控硅 VS 击穿损坏。因三极管 VT、可控硅 VS 击穿短路,使小型灵敏继电器 K 线圈回路为一不受控直通回路,也就是说,控制回路一通电,K 线圈就会得电吸合,K 串联在电动机控制自锁回路中的常闭触点(5-7)断开,从而造成按动启动按钮 SB_2(3-5)时,交流接触器 KM 线圈得电吸合,但不能自锁,电动机点动工作。

② 按启动按钮 SB_2(3-5),交流接触器 KM 线圈得电吸合且自锁,同

时运转指示灯 HL_2 亮,但电动机不运转。根据此故障现象,控制回路一切正常,故障出在主回路中,若电动机不发热、也没有"嗡嗡"声,则故障为:主回路断路器 QF_1 损坏、跳闸或未合上;交流接触器 KM 三相主触点至少有两相断路不能闭合;热继电器 FR 热元件至少有两相以上断路;电动机 M 绕组损坏断路。可根据以上故障原因逐一进行检查并排除。

7.10 直流能耗制动控制电路

1. 工作原理

直流能耗制动控制电路如图 7.12 所示。启动前先合上主回路断路器 QF_1、控制回路断路器 QF_3 及制动回路断路器 QF_2。

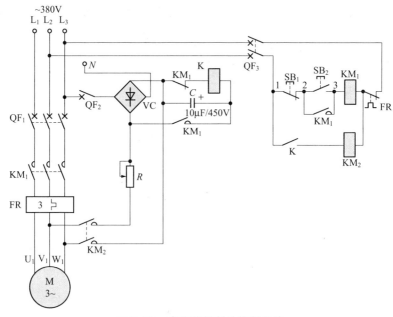

图 7.12 直流能耗制动控制电路

启动:按下启动按钮 SB_2,交流接触器 KM_1 线圈得电吸合且自锁,KM_1 三相主触点闭合,电动机得电运转工作。同时 KM_1 辅助常闭触点断开,切断小型灵敏继电器 K 线圈电源,使 K 线圈不能得电吸合;而 KM₁ 在制动回路中的辅助常开触点闭合,给电容器 C 充电。

制动: 按下停止按钮 SB₁,交流接触器 KM₁ 线圈断电释放,KM₁ 三相主触点断开,切断了电动机电源,但电动机仍靠惯性继续转动做自由停机;由于 KM₁ 辅助常闭触点闭合,使电容器 C 放电,接通了小型灵敏继电器 K 线圈回路电源,K 线圈得电吸合,K 串联在制动交流接触器 KM₂ 线圈回路中的常开触点闭合,使制动交流接触器 KM₂ 线圈得电吸合,KM₂ 三相主触点闭合,将直流电源通入电动机绕组内,产生一静止磁场,从而使电动机迅速制动停止下来。在交流接触器 KM₁ 辅助常闭触点闭合的同时,电容器 C 对小型灵敏继电器 K 线圈(阻值为 3500Ω)开始放电,当电容器 C 上的电压逐渐降低至最小值时(也就是制动延时时间),小型灵敏继电器 K 线圈断电释放,使 KM₂ 线圈断路,KM₂ 主触点断开,切断直流电源,能耗制动结束。改变电容器 C 的值就改变能耗制动时间。图 7.12 中整流器 VC 选用 4 只反向击穿电压大于 500V 的整流二极管,其电流则为通过计算得出的所需器件电流(因电动机功率不同所需制动电流也不相同,需计算得出)。

自由停止控制时,将制动断路器 QF₂ 断开,制动电源被切除,所以当按下停止按钮 SB₁ 时,电动机因断电后仍靠惯性转动而自由停止(无制动控制)。

2. 常见故障及排除方法

① 制动断路器 QF₂ 合不上,动作跳闸。可能原因是断路器 QF₂ 自身损坏;整流二极管击穿短路;小型灵敏继电器 K 线圈短路;电容器 C 击穿短路。对于第一种故障,将 QF₂ 下端连线拆除,试合 QF₂,若能合上则为下端短路,需进一步往下检查故障所在,若仍不能合上,则为断路器 QF₂ 自身损坏,需更换同类新器件;对于第二种故障,用万用表检查二极管 VC 是否击穿短路,若正反向阻值都很小则为短路,需更换;对于第三种故障,用万用表测量 K 线圈电阻,正常时应为 3000～3500Ω,若阻值非常小,几乎为零,则为线圈烧毁或短路,更换小型灵敏继电器 K;对于第四种故障,用万用表测量电容器充放电情况,若无充放电特性且电阻值为零,则为电容器击穿短路,需换新品。

② 按启动按钮 SB₂ 无反应(控制回路供电正常)。从原理图中可以

看出,造成上述故障原因为启动按钮 SB_2 损坏;停止按钮 SB_1 损坏闭合不了;交流接触器 KM_1 线圈断路;热继电器 FR 控制常闭触点损坏闭合不了或过载跳闸。对于第一种故障,可采用短接法试之,若短接启动按钮 2、3 两端, KM_1 线圈能吸合,则为按钮 SB_2 损坏,若短接时 KM_1 无反应,则不是启动按钮故障,可能是相关连线脱落或接触不良,可用万用表做进一步检查;对于第二种故障,用短接法将停止按钮两端 SB_1 短接后,操作启动按钮 SB_2 ,若 KM_1 线圈能吸合,则为停止按钮 SB_1 损坏,需更换新品;对于第三种故障,用万用表欧姆挡检查为无穷大,为 KM_1 线圈断路;对于第四种故障,首先检查热继电器 FR 是否是过载了,若过载则手动复位后查明过载原因,若不是过载则检查热继电器 FR 控制触点是否接错了,还是触点损坏了,并作相应处理。

③ 制动时,小型灵敏继电器 K 线圈吸合,但交流接触器 KM_2 线圈不吸合。其故障原因为小型灵敏继电器 K 常开触点损坏闭合不了;交流接触器 KM_2 线圈断路。对于第一种故障,用万用表测量 K 常开触点是否正常,若损坏,则更换新品;对于第二种故障,用万用表测量 KM_2 线圈阻值为无穷大,则为线圈断路,需更换线圈。

④ 按启动按钮 SB_2 时为点动。此故障为交流接触器 KM_1 常开自锁触点损坏所致。用万用表测量 KM_1 常开自锁触点是否正常,若不正常,则需更换。

⑤ 启动时,交流接触器 KM_1 线圈吸合,但主回路断路器 QF_1 跳闸。此故障通常为电动机绕组短路所致。重点检查电动机绕组并加以修复,故障即可排除。

⑥ 启动后, KM_1 线圈吸合正常,但电动机不转。可能原因是 QF_1 损坏两极; KM_1 三相主触点损坏;热继电器 FR 热元件断路;电动机损坏。对于第一种故障,用万用表测断路器 QF_1 是否损坏,若不通,则为损坏、需更换;对于第二种故障,检查 KM_1 触点是否接触不良或损坏,若接触不良,看能否加以修理,若损坏,则需更换。

⑦ 制动时, KM_2 线圈吸合但制动效果差。原因为制动力调节电阻 R 调整不当所致。重新调整电阻 R ,可边调边试,直至达到要求为止。

⑧ 制动时,无任何制动(KM_2 吸合)。除电阻 R 调节不当外,通常为 KM_2 主触点损坏闭合不了。用万用表检查 KM_2 三相主触点是否正常,若损坏,则更换。

 **双向运转反接制动控制电路**

1. 工作原理

图 7.13 所示为双向运转反接制动控制电路。

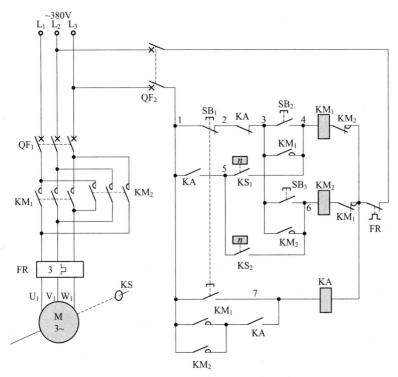

图 7.13 双向运转反接制动控制电路

正转启动： 按下正转启动按钮 SB_2，正转交流接触器 KM_1 线圈得电吸合且自锁，KM_1 三相主触点闭合，电动机得电正转运转；由于速度继电器 KS 与电动机同轴连接，当电动机的转速超过 $120r/min$ 时，KS 中的一对常开触点闭合，为正转制动做好准备。

正转制动： 按下停止按钮 SB_1，此时正转交流接触器 KM_1 线圈断电释放，同时停止按钮 SB_1 常开触点闭合，使中间继电器 KA 线圈得电吸合,KA 常开触点闭合,由于 KS 常开触点仍闭合,将反转交流接触器 KM$_2$ 线圈回路接通(KM$_2$ 常开触点与 KA 常开触点均闭合将 KA 线圈自锁),KM$_2$ 三相主触点闭合,电动机立即反向转动,这样,电动机的转速会迅速降下来,当电动机的转速低于 120r/min 时,速度继电器 KS 常开触点断开,切断了反转交流接触器 KM$_2$ 线圈回路电源,KM$_2$ 三相主触点断开,电动机停止运转,KM$_2$ 串联在中间继电器 KA 线圈回路的常开触点断开,使 KA 线圈断电释放。实际上,反转只是瞬间转动了一下就停止了,反接制动结束。

由于反转启动、制动过程与正转相同,只是利用速度继电器的另一组常开触点来完成反接信号控制,这里不再重复讲述。

2. 常见故障及排除方法

① 正转启动正常,在停止时按下 SB$_1$,中间继电器 KA 吸合,但无反接制动(注意,反转回路工作正常、反转反接制动也正常)。根据以上情况分析,故障原因为速度继电器 KS 的一组常开触点 KS$_2$ 损坏闭合不了所致。可将主回路断路器 QF$_1$ 断开,将 KS$_2$ 短接起来,再按下停止按钮 SB$_1$,观察配电箱内电器动作情况,应为 KA、KM$_2$ 均吸合,再将短接线去掉,KA、KM$_2$ 全部释放,说明故障就是 KS$_2$ 常开触点损坏。更换速度继电器后故障即可排除。

② 正反转启动、停止均正常,但全部无反接制动。遇到此故障首先观察配电箱内中间继电器 KA 是否工作,若 KA 不工作,故障为 SB$_1$ 常开触点损坏、KA 线圈断路;若 KA 工作,则故障为 1、5 之间的常开触点闭合不了所致。根据以上情况,用万用表对各怀疑器件进行测量,找出故障点,并加以排除即可。

③ 按下停止按钮 SB$_1$,中间继电器 KA 线圈吸合动作,但无论是正转进行反接制动,还是反转进行反接制动,均变为反向继续运转。此故障从原理图中分析,最大可能为 2、3 之间的 KA 常闭触点损坏断不开所致。可用万用表测量 KA 常闭触点是否正常,若损坏则需更换中间继电器。

④ 正转启动正常,反转为点动。此故障通常为 KM$_2$ 自锁触点损坏闭合不了所致。更换 KM$_2$ 辅助常开自锁触点后故障即可排除。

⑤ 在停止时,轻轻按下停止按钮 SB$_1$,不能进行停止操作;若将停止按钮 SB$_1$ 按到底,中间继电器 KA 线圈吸合动作,正反转均能进行反接制

动。根据电路原理图分析,此故障原因为停止按钮 SB_1 常闭触点损坏断不开所致。更换 SB_1 停止按钮,故障即可排除。

⑥ 按下停止按钮 SB_1,控制回路断路器 QF_2 跳闸。从故障原因上分析为中间继电器 KA 线圈短路。更换中间继电器 KA 线圈后故障即可排除。

7.12 电磁抱闸制动控制电路

1. 工作原理

图 7.14 所示为电磁抱闸制动控制电路。

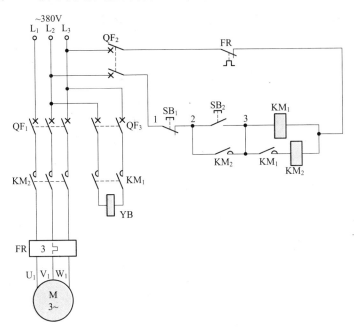

图 7.14 改进的电磁抱闸制动控制电路

启动: 在启动时按下启动按钮 SB_2,交流接触器 KM_1 线圈得电吸合,KM_1 三相主触点闭合,电磁抱闸线圈 YB 先获电,闸瓦先松开闸轮,由于 KM_1 辅助常开触点的闭合,使交流接触器 KM_2 线圈得电吸合且自锁,

KM_2 三相主触点闭合,电动机得电运转工作。

停止:按下停止按钮 SB_1,交流接触器 KM_1、KM_2 线圈断电释放,电动机失电同时在抱闸闸瓦的作用下迅速制动。

2. 常见故障及排除方法

① 启动时,交流接触器 KM_1、KM_2 线圈均工作,电磁抱闸 YB 不动作,闸瓦打不开,电动机转不起来。此故障主要原因是空气断路器 QF_3 跳闸了;KM_2 主触点断路损坏。检查上述两个器件查出故障点并排除即可。

② 按启动按钮 SB_2,为点动操作无自锁。此故障原因为 KM_2 自锁触点损坏所致。更换 KM_2 自锁触点,故障即可排除。

③ 按 SB_2 启动按钮为点动操作,电磁抱闸动作正常,但电动机不转。此故障为交流接触器 KM_2 线圈不吸合工作所致。检查 KM_2 线圈是否断路或 KM_1 辅助常开触点是否损坏。查出原因后并更换,上述故障排除。

第 **8** 章

常用机床控制电路维修

8.1 C620 型车床

● 8.1.1 C620 型车床电气控制电路及工作原理

C620 型车床是普通车床的一种,它有主线路、控制线路和照明线路三部分,如图 8.1 所示。主线路共有两台电动机,其中 M_1 是主轴电动机,拖动主轴旋转和刀架做进给运动。由于主轴是通过摩擦离合器实现正反转的,所以主轴电动机不要求有正反转。主轴电动机 M_1 是由按钮和接触器控制的。M_2 是冷却泵电动机,直接用转换开关 QS_2 控制。

当合上转换开关 QS_1,按下启动按钮 SB_1 时,接触器 KM 线圈获电动作,其主触点和自锁触点闭合,电动机 M_1 启动运转。需要停止时,按下停止按钮 SB_2,接触器 KM 线圈断电释放,电动机停转。

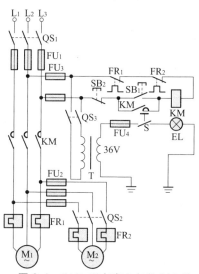

图 8.1 C620 型车床电气控制电路

冷却泵电动机是当 M_1 接通电源旋转后,合上转换开关 QS_2,冷却泵电动机 M_2 即启动运转。M_2 与 M_1 是联动的。

照明线路由一台 380V/36V 变压器供给 36V 电压,使用时合上开关 S 即可。

● 8.1.2 C620 型车床常见故障及检修方法

1. 故障一

故障现象:主轴电动机按下开关按钮后不能启动。

故障原因：

① 电源停电。

② 电源熔丝熔断数相。

③ FR$_1$ 或 FR$_2$ 热继电器动作触点动作后未复位。

④ 电动机电源电压过低。

⑤ 主轴电动机控制按钮线路断线。

⑥ 电动机主轴控制接触器线圈断线烧毁或短路。

⑦ 主轴控制回路熔丝熔断。

⑧ 主轴接触器机械动作机构动作不良或触点有接触不良处。

⑨ 通往主轴电动机电源线断线。

⑩ 主轴电动机绕组烧毁。

⑪ 主轴电动机轴承损坏卡死。

⑫ 主轴电动机负载卡死。

检修方法：

① 用低压验电笔测 C620 型车床闸刀上桩头有无电压，若无电压，应检查线路是否停电或线路故障。

② 用低压验电笔测 C620 型车床熔断器的熔丝下桩头，如熔丝熔断一相或两相应更换同型号的熔断熔丝。若熔丝熔断三相，不但要更换同型号的熔丝，还要检查开关线路有无短路处或电动机有无卡死烧坏等。可用手转动电动机风叶轮看能否转动，如能转动，再用 500V 兆欧表检查一下电动机对地绝缘，拆开电动机连接片检查三组线圈的相互绝缘情况，如电动机卡死或绝缘损坏，应处理卡死现象或修理损坏绕组。

③ 用低压验电笔测热继电器 FR$_1$ 或 FR$_2$ 的两组常闭触点，在工作线路正常通电的情况下，验电笔发光亮度应一样。如果一组触点发光亮度微弱或不发光，说明热继电器动作触点动作，首先要找出造成动作的原因，排除故障，再将热继电器复位。可能的原因是：电动机过载或在运转时有机械卡死现象，首先排除过载原因再启动电动机；热继电器调整的不适当或热继电器损坏，如果热继电器调整的整定电流值过小，可重新整定，若继电器使用过久损坏，要更换合格的同电流档次的热继电器；如果是电动机绕组或轴承损坏造成启动或运行电流过大时，要对电动机绕组或电动机轴承进行修理。

④ 用万用表测通入车床的三相电源电压是否为 380V，如果电压过

低,应查找电压过低原因。

⑤ 用万用表电阻挡在断开电源的情况下,测停止按钮常闭触点是否处于通路状态,然后测启动按钮在按下时是否能闭合通路,如不正常要更换按钮;如果正常,应检查按钮控制接线头是否有断线脱落,查出后重新接通线路。

⑥ 用万用表电阻挡测接触器线圈是否断路或短路。断路时,要更换线圈;短路或线圈烧坏时,也要更换同型号线圈或更换同型号接触器。

⑦ 用万用表电压挡测车床控制回路熔丝下桩头电压是否为380V,如果查出两只熔丝或其中一只熔断,要更换熔丝。

⑧ 断开车床总电源,打开接触器灭弧盖,用螺丝刀手柄把接触器触点闭合,检查接触器动作机构是否不灵或卡死,根据具体情况去修复接触器动作机构。若主触点某处接触闭合不好,要更换接触器主触点(动触点或静触点)。

⑨ 打开主轴电动机接线盒,把通入电动机内部的三相380V电源线接线头拆掉分开,把主轴电动机开关合上,按下按钮开关,用万用表电压挡测通入电动机上的分开线路电源电压,查到哪一相无电压,应从电动机开关查起,直到查出断线点,接通电线或更换此段线路的老化电线。

⑩ 用500V兆欧表测电动机绕组三相的相互绝缘以及对地绝缘情况,如绝缘损坏短路,要重新绕制电动机绕组。

⑪ 用手转动电动机感觉机轮太重时,可检查电动机轴承,如发现电动机轴承上下旷动太大,应更换轴承;轴承内润滑油干枯,要更换润滑油。

⑫ 把电动机退出后如启动正常,空载电流正常,要检查负载原因,对应解决后再使电动机运行。

2. 故障二

故障现象:车床能够启动运行,但在运行过程中突然停车。

故障原因:

① 车床熔断器熔丝熔断或接头松动而接触不良。

② 控制回路接头松动。

③ 常闭按钮闭合不好而接触不良。

④ 接触器自锁触点 KM 接触不良。

⑤ 热继电器 FR_1 或 FR_2 动作。

检修方法：

① 打开车床前电源开关灭弧盖,检查熔丝是否有接触不良或熔断处,如查出有,应更换熔丝,再把熔丝接头压紧。如果接触良好,应查车床内的 5 只螺旋熔丝底座与熔丝是否配合接触良好,如接触不好,要旋紧螺旋熔丝盖。

② 检查控制线路各接头,如按钮、接触器线圈、热继电器、控制回路熔丝等是否接头有松脱接触不良处,查出接触不良处后应重新接好。

③ 用万用表电阻挡在断开车床总电源的情况下测停止按钮常闭触点是否接触良好,如接触不良要更换停止按钮开关。

④ 在车床断电的情况下,用螺丝刀强行使接触器闭合,用万用表查自锁点是否接触不良,如接触不可靠,可再用两根连接导线与接触器的另一组常开辅助点进行并联,使辅助触点接触可靠。

⑤ 在车床通电情况下,并在主轴电动机突然停车时,尽快用验电笔测 FR_1 或 FR_2 热继电器常闭触点是否动作,若有某个动作,则说明某电动机过载或调整热继电器动作电流位置不适当,要查出过载原因,排除故障后再将热继电器复位。若热继电器系自动复位,应将造成热继电器动作的原因找出,并加以解决后,再启动电动机。

3. 故障三

故障现象： 按下停止按钮时主轴电动机不能停止。

故障原因：

① 接触器主触点熔焊。

② 接触器机械卡死或动作不灵。

③ 接触器释放慢。

④ 停止按钮短路。

检修方法：

① 断开电源,打开接触器灭弧盖检查主触点是否熔焊,熔焊时要用螺丝刀分开触点,使三组动、静触点复位,并查出造成熔焊的原因。一般接触器熔焊的原因有三种:一是接触器本身质量极差,在正常启动电动机过程中发生多次熔焊,应更换合格的接触器来解决;二是二次回路(即车床的控制回路)或主回路有接触不良处,造成接触器在吸合时瞬间多次吸

合释放,引起电流增大,使接触器发生熔焊,这种通断频率很高,在接触器吸合时会发出连续不断的"啪、啪、啪"声,要从主线路和控制线路去查找接触不良处,特别查一下螺旋熔丝未旋紧,按钮常闭触点闭合不好,或接触器自保接点闭合不好等处,查出问题后要重新接好线或更换对应的损坏件;三是因负载超载或短路会造成接触器在超额定电流工作条件下发生熔焊,首先要从解决过载原因着手,查三相负载线路是否短路、电动机绕组是否烧毁等,并根据具体情况重新接好电路,排除短路点,把接触器触点人为分开打磨平后,再重新使用。

② 打开接触器,检查机械动作机构,动作机构不灵时可更换接触器。

③ 打开接触器后盖,用棉布把两衔铁吸合极面擦干净,再重新装配好。

④ 更换同型号停止按钮。

4. 故障四

故障现象:车床主轴电动机发生断相运行。

故障原因:

① 车床转换开关有一相断线。

② 车床主螺旋熔丝有一相熔断。

③ 接触器主触点一相接触不上。

④ 主线路断线或通入电动机接线架上的电源线烧断一相。

⑤ 电动机绕组内部线路烧断一相。

检修方法:

① 用低压验电笔查转换开关是否有一相断线或有接触不良处,如查出断线应接通,重新紧固接线接头。

② 用低压验电笔测车床螺旋熔丝下桩头,检查是否中相熔丝熔断,中相熔丝一般不接于控制回路的两相380V电源,熔断时要更换熔丝。

③ 打开接触器灭弧盖,在断开电源的情况下,人为地把接触器闭合,查出某触点接触不上时,应更换某动、静触点。

④ 在断开车床电源的情况下,查看主电源线从接触器下桩头到接入电动机接线架上有哪根电源线烧断并重新接通。

⑤ 打开电动机查电动机引出线接线头哪一相烧断,查出后要用导线重新焊接,引出新导线。

5. 故障五

故障现象：车床低压照明灯在工作时不亮。

故障原因：

① 低压灯泡灯丝烧断或灯泡内部漏气。

② 通入低压变压器的熔丝熔断。

③ 变压器初、次级线圈接线松脱或烧断。

④ 低压照明开关在拨动后接触不上。

⑤ 灯座及线路断线。

⑥ 变压器因线路短路烧毁。

检修方法：

① 观察低压灯泡灯丝是否烧断，灯泡里是否冒白烟，如灯丝烧断或灯泡里冒白烟要更换灯泡。

② 用万用表电阻挡在断电的情况下测变压器次级加装的熔丝是否熔断，发现熔断应予以更换。

③ 检查变压器初、次级线圈的引出线是否松脱烧断，若松脱或烧断时，要重新接好。

④ 用万用表电阻挡在断电的情况下单独测开关通断情况，若开关在拨动后不能接通时，要更换开关。

⑤ 检查低压灯泡灯座处有无断线或烧坏，线路有无断线处，查出断线处要重新接好。

⑥ 检查低压照明变压器，若变压器线圈变色，绝缘损坏烧毁时，要更换 50V·A 的车床控制变压器。

8.2　Z525 型立式钻床

8.2.1　Z525 型立式钻床电气控制电路及工作原理

Z525 型立式钻床有两台电动机，一台为主轴电动机 M_1，另一台是冷却泵电动机 M_2。主轴电动机 M_1 为正反转控制，而电动机 M_2 是通过转换开关控制正转运行，如图 8.2 所示。

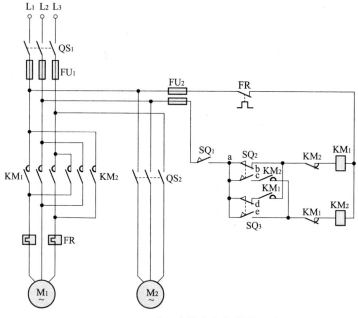

图 8.2 Z525 型立式钻床电气控制电路

需要工作时,合上 QS₁ 开关,380V 电源经过熔断器 FU₁ 送入接触器 KM₁、KM₂ 上桩头和 QS₂ 转换开关上桩头,为电动机通电运行做好了准备。控制线路是把 380V 电源通过熔断器 FU₂ 后送入控制线路中,当需操作钻床主轴电动机正转时,把操作手柄置于向右位置,这时行程开关 SQ₁ 闭合,SQ₂(a 与 b)和 SQ₃(a 与 d)触点闭合,KM₁ 线圈得电吸合,主轴电动机 M₁ 得电正转。需停止电动机运行时,操作手柄处于停止位置,行程开关 SQ₁ 触点断开,使主轴电动机停止运行。如果欲使主轴电动机反转时,操作手柄拨向向左位置后行程开关 SQ₁ 触点闭合,行程开关 SQ₂ (a 与 c)和 SQ₃(a 与 e)触点闭合,从而接通接触器 KM₂ 线圈回路,使 KM₂ 得电吸合,电动机反转运行。如果需操作冷却泵电动机时,拨通转换开关 QS₂ 即可使电动机运行。整个线路中有短路保护和过流保护装置,并使换相接触器常用触点进行互锁以防接触器线圈同时吸合造成短路。

8.2.2 Z525型立式钻床常见故障及检修方法

1. 故障一

故障现象: 立式钻床主轴电动机不能启动。

故障原因:

① 总开关 QS_1 闭合不好,接触点接触不良。

② 总熔断器 FU_1 或控制熔断器 FU_2 熔断数相。

③ 热继电器 FR 动作触点动作或接触不良。

④ 行程开关 SQ_1 闭合不好或接触不良。

⑤ 主轴电动机 M_1 机械卡死或主轴电动机线圈损坏。

检修方法:

① 用低压验电笔分别测开关 QS_1 三相下桩头是否均带有同样亮度的电压,若某相亮度较低,并且开关上桩头电压正常时,可判断 QS_1 闭合接触点闭合不好,要打开开关重新调整修理,使其接触良好。

② 用低压验电笔测熔断器 FU_1 下桩头是否均带有电压,测得某只熔断器熔断,要及时更换同规格的熔断器。再测控制回路熔断器 FU_2 ,若某相熔丝熔断,也需更换同规格的熔丝。

③ 用万用表电阻挡在断开钻床电源的情况下,测 FR 常闭触点是否接触良好,若测得断路,要从两方面查找原因:一是热继电器超过额定电流发生动作,这要从电动机负载以及电动机本身轴承损坏等方面找原因,如过载要检修负载故障或电动机轴承;另一方面是因热继电器动作触点接触不良引起,这需要更换热继电器元件。

④ 断开钻床电源,把操作手柄拨向主轴电动机启动位置,使电动机通过操作手柄处于正转或反转位置后,用万用表电阻挡测行程开关 SQ_1 两触点是否能可靠闭合,若不能则应修复触点或更换 SQ_1 行程开关。

⑤ 检查主轴电动机 M_1 机械是否过重难以启动,若机械卡死,应检修机械。若机械正常,可用500V兆欧表测试电动机线圈绕组,若测得电动机接地短路或断线时,要更换电动机线圈。

2. 故障二

故障现象: 主轴电动机只能反转不能正转。

故障原因：

① 接触器 KM₁ 线圈断线或烧毁。

② 接触器 KM₁ 主触点损坏或机械动作不灵。

③ 接触器 KM₁ 线圈所串接的接触器 KM₂ 互锁常闭触点闭合不好。

④ 行程开关上的手柄扳向正转位置时，SQ₂（a 与 b）闭合不好或接触不良。

⑤ 行程开关上的手柄扳向正转位置时，SQ₃（a 与 d）闭合不好或接触不良。

⑥ 接触器 KM₁ 自锁触点接触不良。

检修方法：

① 在断开电源的情况下，用万用表电阻挡测接触器 KM₁ 线圈是否断线或烧毁，若线圈损坏要更换接触器 KM₁ 线圈。

② 断开电源，打开接触器 KM₁ 的灭弧盖，观察主触点闭合时的接触情况，若接触不良时要更换主触点；若正常，还需检查接触器动作机构是否灵活，若不灵活需更换接触器 KM₁。

③ 在断开电源的情况下，用万用表电阻挡测接触器 KM₁ 线圈所串接的接触器 KM₂ 互锁常闭触点是否闭合可靠，若接触不良，可将接触器 KM₁ 线圈所串接的 KM₂ 常闭触点再并接一个 KM₂ 常闭触点来解决。

④ 断开电源，把手柄拨向正转位置，测行程开关 SQ₂（a 与 b）触点是否能可靠闭合，若不能应修复触点或更换行程开关。

⑤ 断开电源，把手柄拨向正转位置，测行程开关 SQ₃（a 与 d）触点的闭合情况，若闭合不好，要修复行程开关触点或更换行程开关。

⑥ 检查接触器 KM₁ 的自锁常开触点是否接触不良，若触点之间有污垢要清除并把触点打磨干净。

3. 故障三

故障现象： 主轴电动机只能正转而不能反转。

故障原因：

① 接触器 KM₂ 线圈损坏断线。

② 接触器 KM₂ 机械不灵或主触点烧坏。

③ 接触器 KM₂ 线圈所串接的 KM₁ 常闭互锁触点闭合不好。

④ 行程开关手柄拨向反转时，SQ₂（a 与 c）接触不上。

⑤ 行程开关手柄拨向反转时,SQ₃(a 与 e)接触不上。

⑥ 接触器 KM₂ 自锁触点接触不良。

检修方法:

① 断开钻床电源,用万用表电阻挡测接触器 KM₂ 线圈,若断线或烧坏,要更换接触器 KM₂ 线圈。

② 断开钻床电源,打开接触器 KM₂ 灭弧盖,检查动作机构以及主触点闭合接触情况。若触点烧坏闭合不好时,要更换 KM₂ 动、静触点;若触点正常而接触器动作机构不灵时,要更换接触器 KM₂。

③ 断开钻床电源,用万用表电阻挡测接触器 KM₂ 线圈所串接的 KM₁ 互锁触点,若接触不上,可再并接另一组 KM₁ 互锁常闭触点。

④ 把手柄拨向反转位置,测行程开关 SQ₂(a 与 c)接触是否可靠,若接触不良,要更换行程开关 SQ₂。

⑤ 把手柄拨向反转位置,测行程开关 SQ₃(a 与 e)接触是否可靠,若接触不好,要修复触点或更换行程开关 SQ₃。

⑥ 检查一下接触器 KM₂ 自锁触点,若中间有油污或触点变形接触不可靠时,可再并接一组 KM₂ 常开触点。

4. 故障四

故障现象:冷却泵电动机在操作后不能启动。

故障原因:

① 开关 QS₂ 接触不良。

② 冷却泵电动机机械过重卡死。

③ 冷却泵电动机线头烧断或电动机线圈烧毁。

检修方法:

① 通上电源,合上开关 QS₂,用万用表交流电压挡测开关 QS₂ 下桩头,若测得三相有一相或两相无电压而开关 QS₂ 上桩头三相均有电压,证明 QS₂ 开关接触不良,要打开修复或更换开关。

② 用手转动一下冷却泵电动机 M₂ 风叶,若转不动或负载太重时,要检修泵叶或电动机轴承。

③ 检修电动机 M₂ 主接线头到电动机接线架上有无线头断线或烧断现象,有则重新连接,若无时要用 500V 兆欧表测冷却泵电动机线圈绝缘以及断线情况,若电动机线圈绝缘损坏,或电动机线圈有断线处,要更换

电动机 M_2 或更换冷却泵电动机线圈。

M7120 型平面磨床

● 8.3.1　M7120 型平面磨床电气控制电路及工作原理

　　M7120 型平面磨床主要由主线路、控制线路、照明及指示灯线路及电磁工作台线路等组成，如图 8.3 所示。

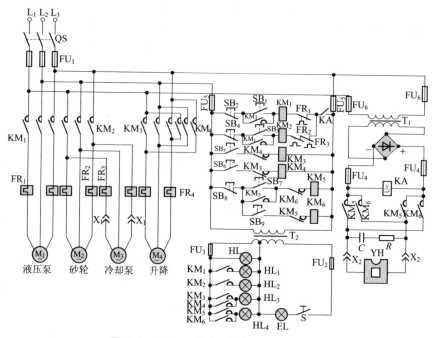

图 8.3　M7120 型平面磨床电气控制电路

　　M7120 型平面磨床的主线路有 4 台电动机，M_1 为液压泵电动机，它在工作中起到工作台往复运动的作用；M_2 是砂轮电动机，可带动砂轮旋转起磨削加工工件作用；M_3 电动机做辅助工作，它是冷却泵电动机，为砂轮磨削工作起冷却作用；M_4 为砂轮机升降电动机，用于调整砂轮与工件的位置。M_1、M_2 及 M_3 电动机在工作中只要求正转，其中对冷却泵电动机还要求在砂轮电动机转动工作后才能使它工作,否则没有意义。对升降电动机要求它正反方向均能旋转。

控制线路对 M_1、M_2、M_3 电动机有过载保护和欠压保护能力,由热继电器 FR_1、FR_2、FR_3 和欠压继电器完成保护,而 4 台电动机短路保护则需 FU_1 做短路保护。电磁工作台控制线路首先由变压器 T_1 进行变压后,再经整流提供 110V 的直流电压,供电磁工作台用,它的保护线路是由欠压继电器、放电电容和电阻组成。

线路中的照明灯电路是由变压器提供 36V 电压,由低压灯泡进行照明。另外还有 5 个指示灯:HL 亮证明工作台通入电源;HL_1 亮表示液压泵电动机已运行;HL_2 亮表示砂轮机电动机及冷却泵电动机已工作;HL_3 亮表示升降电动机工作;HL_4 亮表示电磁吸盘工作。

M7120 型平面磨床的工作原理是,当 380V 电源正常通入磨床后,线路无故障时,欠压继电器动作,其常开触点 KA 闭合,为 KM_1、KM_2 接触器吸合做好准备,当按下 SB_1 按钮后,接触器 KM_1 的线圈得电吸合,液压泵电动机开始运转,由于接触器 KM_1 的吸合,自锁触点自锁使 M_1 电动机在松开按钮后继续运行,如工作完毕按下停止按钮,KM_1 失电释放,M_1 便停止运行。

如需砂轮电动机以及冷却泵电动机工作时,按下按钮 SB_3 后,接触器 KM_2 便得电吸合,此时砂轮机和冷却泵电动机可同时工作,正向运转。停车时只需按下停止按钮 SB_4,即可使这两台电动机停止工作。

在工作中,如需操作升降电动机做升降运动时,按下点动按钮 SB_5 或 SB_6 即可升降;停止升降时,只要松开按钮即可停止工作。

如需操动电磁工作台时,把工件放在工作台上,按下按钮 SB_7 后接触器 KM_5 吸合,从而把直流电 110V 电压接入工作台内部线圈中,使磁通与工件形成封闭回路,因此就把工件牢牢地吸住,以便对工件进行加工。当按下 SB_8 后,电磁工作台便失去吸力。有时其本身存在剩磁,为了去磁可按下按钮 SB_9,使接触器 KM_6 得电吸合,把反向直流电通入工作台,进行退磁,待退完磁后松开 SB_9 按钮即可将工件拿出。

8.3.2 M7120 型平面磨床常见故障及检修方法

1. 故障一

故障现象:磨床砂轮电动机不能启动。

故障原因:

① 电源无电压或电压缺相。

② 热继电器 FR_2 和 FR_3 动作后未复位。

③ 欠压继电器动作或触点接触不上。

④ 停止按钮 SB_4 常闭触点接触不良或启动按钮 SB_3 按下后触点接触不上。

⑤ 接触器 KM_2 线圈断线或烧毁。

⑥ 控制线路线头脱落或有接触不良处。

⑦ 砂轮机的电动机机械卡死。

⑧ M_2 电动机烧毁。

检修方法:

① 用万用表测 FU_1 下桩头三相是否有 380V 电压,如无电压或电压缺相应检查 FU_1 哪只熔丝熔断,如熔断要更换同样规格的保险心,如全无电压应查找停电原因。

② 用低压验电笔测热继电器 FR_2、FR_3 动作触点,发现哪个触点使低压验电笔发光微弱,则说明该热继电器动作或触点接触不好;如果是热继电器动作,要查该电动机的过载原因(如电动机负荷过重,电动机轴承损坏,电动机烧毁等);如果是热继电器触点本身接触不良,要更换同规格的热继电器。

③ 用低压验电笔测欠压继电器动作触点是否动作,如动作时要查找动作原因,如触点本身接触不良,要更换欠压继电器。

④ 用万用表电阻挡测停止按钮 SB_4 常闭触点是否导通可靠,若接触不良要更换同型号按钮;如接触良好,再查启动按钮按下时触点能否接通,若不通或不能可靠接通,应更换同型号按钮开关。

⑤ 用万用表电阻挡在断开电源情况下,测 KM_2 的线圈电阻是否正常,如不通或电阻过小,说明该线圈断路或短路烧毁,应更换同型号线圈。

⑥ 检查按钮到电源、按钮到接触器线圈、接触器线圈到热继电器常闭触点 FR_2、FR_3,以及热继电器常闭触点 FR_3 到欠压继电器 KA 常开触点之间有无断线,线路有无接触不良之处,查出接触不良之处要重新接好线路。

⑦ 用手先转一下电动机风叶,检查电动机是否卡死,如果是电动机

轴承损坏卡死,要从更换电动机轴承着手;如果是机械负载太重而卡死时要检修机械部分。

⑧ 用500V兆欧表测量电动机 M_2 线圈是否有断路、短路、接地等故障,如查出电动机烧毁要更换电动机线包。

2. 故障二

故障现象:磨床砂轮机在运转后,冷却泵电动机不启动。

故障原因:

① 冷却泵电动机引入线插座接触不良或断线。

② 冷却泵电动机线圈已烧断。

检修方法:

① 断开电源检查插座 X_1 与插头的接触处,太松要重新夹紧插座,插座与插头中间有氧化物要清除氧化物并重新连接好。

② 用500V兆欧表测冷却泵电动机线圈,如果断路时,要打开电动机检查线包,如线头烧断要重新焊接,并加强绝缘处理;如果电动机烧毁要重新绕制电动机线包。

3. 故障三

故障现象:升降磨头电动机不能工作运转

故障原因:

① 控制回路有线头脱落或断线之处。

② 升降电动机卡死。

③ 升降电动机线圈烧毁。

检修方法:

① 检查控制回路各连接线头是否有松脱断线之处,查出后,要重新接好控制线路。

② 检查升降电动机是否机械卡死,若转不动或机械卡死要清除障碍物,或从机械方面着手修复。

③ 用500V兆欧表对升降电动机绕组进行测量,如果线圈烧断或接地,要打开电动机检查损坏情况,能局部修复的要局部修复,若线包烧毁则要重新绕制线包。

4. 故障四

故障现象:升降电动机只能上升不能下降或只能下降不能上升。

故障原因：

① 点动按钮 SB_5 或 SB_6 按下后触点接触不良。

② 接触器 KM_3 或 KM_4 互锁辅助触点接触不良或未复位。

③ 接触器线圈 KM_3 或 KM_4 断路或烧毁。

检修方法：

① 用万用表电阻挡在断开磨床电源的情况下，测 SB_5 或 SB_6 按钮按下后是否通路并接触可靠，若损坏或接触不良要更换 SB_5 或者 SB_6。

② 检查升降电动机的接触器，是否两只接触器都能在不工作时复位，若一只接触器机械卡死或触点发生轻微熔焊时不能复位，则对方互锁常闭触点就不能闭合，从而使电动机无法做反方向运转。要用低压验电笔测对方的互锁常闭触点是否接通，如果查出不通时要找出原因，若发生熔焊要分开触点；若机械机构不灵活，要更换同型号的接触器；若是互锁触点接触不良，可用两根导线并接该接触器的另一组常闭触点，使其接触可靠。

③ 检查接触器 KM_3 或 KM_4 线圈接线，若线头脱落要重新接好。若线路完好，要用万用表在断开电源的情况下测接触器 KM_3 或 KM_4 的线圈是否断路或短路烧毁，测出线圈损坏要更换线圈或接触器。

5. 故障五

故障现象： 磨床液压泵电动机不能启动。

故障原因：

① 电源无电压或熔断器 FU_1 熔断数相。

② 欠压继电器 KA 触点接触不良。

③ 热继电器 FR_1 动作或接触不良。

④ 控制按钮 SB_1（或 SB_2）接触不良或控制线路断线。

⑤ 接触器 KM_1 线圈烧毁或接触器动作机构不灵活、卡死。

⑥ 液压泵电动机负载卡死。

⑦ 液压泵电动机线圈烧坏。

检修方法：

① 用低压验电笔测熔断器 FU_1 下桩头有无电压，若无电压则应向线路查找原因，若一相有电压或两相有电压则要更换熔断器 FU_1 的熔丝。

② 检查欠压继电器 KA 触点是否接触不良，可用低压验电笔在控制

回路通入电源的情况下,测两触点发亮效果是否一样,若不一样则说明 KA 接触不良,应更换 KA。

③ 用低压验电笔测热继电器 FR_1 动作触点是否动作或接触不良,如已动作要从电动机过载查起,然后再复位,若接触不良则要更换热继电器。

④ 用万用表测 SB_1 启动按钮常开触点或 SB_2 停止按钮常闭触点是否接触可靠,若接触不良,应更换按钮或把启动按钮作为停止按钮使用;若按钮无接触不良之处,要从控制线路查起,找出断线或接触不良之处加以处理,重新连接好控制线路。

⑤ 用万用表在磨床断电的情况下测量接触器线圈,若线圈电阻阻值过小或不通,要更换线圈;如果线圈完好,要查接触器动作机构是否卡死不灵,这时可打开接触器灭弧盖,用螺丝刀刀柄在断开电源的情况下人为使接触器闭合几次,若查出动作机构不灵活,要更换新接触器。

⑥ 用手转动一下电动机风叶,若查出机械卡死,要解决机械方面问题。

⑦ 用 500V 兆欧表测液压泵电动机线圈对地以及三相是否短路接地,若线圈烧毁要更换电动机。

6. 故障六

故障现象: 磨床电磁工作台操作后不工作,接触器不吸合。

故障原因:

① 控制按钮的启动按钮 SB_7 和停止按钮 SB_8 触点接触不良。

② 控制线路有断线处或接头有松脱现象。

③ 接触器 KM_5 线圈断线或烧断,接触器动作不灵活。

④ 互锁辅助触点 KM_6 常闭触点未闭合好或接触不良。

检修方法:

① 用万用表在断开磨床电源的情况下,测停止按钮 SB_8 两触点能否可靠接通,如不通要更换按钮。另外,也可在按下 SB_7 后测该按钮两触点是否能可靠接通,如不通要更换启动按钮。

② 检查 L_2、L_3 电源控制线路,SB_8、SB_7、KM_6 辅助互锁触点,以及 KM_5 线圈各接头是否松动脱落,如松动脱落,要重新接好。

③ 用万用表在断开控制电源的情况下,测 KM_5 接触器线圈电阻,判

断是否断路或短路烧坏,若有断路或短路时,要更换同型号线圈;如无备用线圈,可更换 KM_5 接触器。如果线圈正常,应检查接触器主触点是否完好,并检查一下动作机构是否灵活,如卡死或不灵活,也需更换新接触器。

④ 用万用表在断电的情况下测与 KM_5 接触器线圈串接的 KM_6 接触器的辅助常闭触点,若触点不通应检查 KM_6 接触器是否触点熔焊不能释放,或辅助触点太脏,里面有杂质接触不良。若接触器释放不到位要更换 KM_6 接触器;若接触器辅助触点 KM_6 常闭互锁触点太脏接触不良,可并接另一组 KM_6 常闭互锁触点来解决。

7. 故障七

故障现象: 磨床电磁工作台无直流电压输出。

故障原因:

① 控制变压器 T_1 接线端接线松脱或烧断。

② 控制变压器 T_1 初级线圈或次级线圈烧毁。

③ 桥式整流二极管击穿或烧断损坏。

④ 熔丝 FU_4 熔断或接触不良。

⑤ 放电电容短路或电阻损坏。

检修方法:

① 检查控制变压器 T_1 接线头有无松动烧断,所接电源是否正常,如线头有松动烧断,要断开电源重新接好。

② 如果用万用表测控制变压器输入为 380V,输出无电压,或变压器通入工作电压时烧毁冒烟(注意负载不能短路),表明控制变压器已烧坏,要更换变压器。

③ 用万用表测桥式整流电路的各个二极管的正反向电阻,若电阻为零或无穷大或无明显的正反向电阻差异,可判断二极管损坏,要更换同型号的整流二极管。

④ 检查 FU_4 熔丝是否熔断,如熔断时要首先检查负荷端有无短路故障(如接触器换接正负极时短路,电容损坏,线路和电磁铁线圈短路),短路时更换损坏器件,然后换 FU_4 熔丝。

⑤ 用万用表在断开电源的情况下测量电容和电阻,如短路、断路、损坏时,要更换同型号、同功率的电阻或同耐压同容量的电容。

8. 故障八

故障现象：磨床电磁铁工作台工作,但不能退磁。

故障原因：

① 按钮 SB_9 按下后不能闭合。

② 接触器 KM_6 线圈的互锁触点 KM_5 常闭触点未闭合。

③ 接触器 KM_6 线圈断路烧毁或机械卡死。

检修方法：

① 用万用表在断开磨床电源的情况下测按钮 SB_9 常开触点,按下按钮观察能否接通,如触点接不通线路,应更换按钮 SB_9。

② 用万用表测一下接触器 KM_5 互锁触点是否通路,如不通应检查接触器 KM_5 机械上是否完全复位,不复位时应检查触点是否熔焊或机械动作不灵活,根据具体情况修复或更换接触器 KM_5。如果 KM_5 互锁触点接触不良,也可采取擦磨小辅助触点的方法解决接触不良;如有多余的 KM_5 常闭辅助触点,可采取并接方法增加触点接触的可靠性。

③ 用万用表测接触器 KM_6 线圈是否断路、短路或烧毁。如线圈损坏,要更换同型号线圈;如线圈完好,要检查 KM_6 接触器主触点以及动作机构,如不灵活要更换接触器 KM_6。

9. 故障九

故障现象：工作台有直流电压输出,但电磁吸盘不工作。

故障原因：

① 电磁工作台插座 X_2 线路断线,插座接触不良或松脱。

② 电磁工作台线圈烧毁。

检修方法：

① 用万用表直流电压挡测工作台插座 X_2 电压是否正常,如正常说明前端工作线路能工作,故障主要在后端。再检查插头与插座是否接触不良,修整插头与插座的接触。如插头、插座接触良好,要检查线路是否断线,有断线处要接好。

② 用万用表测插座 X_2,如有正常的直流电压,插头插座接触良好无断线处,那么应检查电磁工作台线圈是否断路或匝间短路烧毁。用万用表测电磁吸盘线圈,若有断路或阻值比正常小,说明电磁工作台线圈烧毁,这时要更换同型号的电磁工作台线圈。

10. 故障十

故障现象:磨床低压照明灯在操作后不亮。

故障原因:

① 照明变压器 T_2 初级(或次级)断路或匝间短路烧毁。

② 照明变压器次级熔断器 FU_2 熔断。

③ 开关 S 接触不良或不能接通。

④ 照明灯灯线脱落断线或灯座舌头接触不上灯泡。

⑤ 照明低压灯泡烧毁。

检修方法:

① 用万用表电阻挡在断开磨床电源情况下测照明变压器 T_2 初级与次级线圈的电阻,若有断路或电阻很小,说明线圈已断路或匝间短路,要更换照明变压器 T_2。

② 检查照明变压器熔断器 FU_2 是否熔断,如熔断要更换同型号的熔断器;同时,要查明次级线路到灯泡各处是否有短路点,如有首先处理短路点故障后再通电工作。

③ 修理照明开关 S,若损坏严重时要更换开关。

④ 重点检查变压器输出端到照明灯泡各处线路有无断线点,如灯座接线和灯座铜舌头是否未与灯泡接触等,如断线要接通断线,或者用小电笔尖把灯座舌头向外勾出些,使灯座与灯泡接触可靠。

⑤ 把低压照明灯泡取下,用万用表电阻挡测灯丝是否断路,若灯丝断路,要更换灯泡;如灯泡冒白烟,也需要更新低压照明灯泡。

11. 故障十一

故障现象:磨床指示灯不亮或某指示灯不亮。

故障原因:

① 照明变压器次级烧断或有匝间短路点。

② FU_3 熔丝烧断。

③ 指示灯 HL、HL_1、HL_2、HL_3、HL_4 中某灯泡烧坏。

④ 接触器 KM_1、KM_2、KM_3、KM_4、KM_5、KM_6 中某辅助常开触点不能接通相对应的指示灯。

检修方法:

① 用万用表测量照明变压器次级是否断路或匝间短路,也可以通过

测量电压来判定。若初级电压正常,次级无输出电压,则说明变压器损坏,要及时更换。

②　检查 FU_3 熔丝是否烧断,若烧断应更换熔丝,并着重检查是否次级指示线路有短路现象,如查出短路点,要先进行处理后再通电工作。

③　用万用表电阻挡去测不亮的指示灯灯丝是否烧断,灯丝烧断要更换灯泡。

④　如某指示灯不亮但灯完好时,要检查它本身对应的控制辅助常开触点,检查接触器 KM_1、KM_2、KM_3、KM_4、KM_5 或 KM_6 等辅助触点,查出接触不良时,要进行修复。

 **X8120W 型万能工具铣床**

⬤ 8.4.1　X8120W 型万能工具铣床电气控制电路及工作原理

X8120W 型万能工具铣床有两台电动机,一台是主机铣头电动机,为双速式,高速时电动机线圈为双星形接法,并且铣头电动机需正反方向运转;另一台为冷却泵电动机 M_1,它由转换开关 QS_2 来做通断控制,如图 8.4 所示。

铣床需要工作时可合上刀闸开关 QS_1,这时,拨动双速开关,若欲进行高速运转时需将开关 SK 的 1、2 接通,欲进行低速运转时可将双速开关 SK 的 1、3 接通,然后按下 SB_1 按钮,接触器 KM_3 得电吸合,电动机开始正转运行。若需停止电动机运行时,可按下 SB_2,若需要反转时,按下 SB_3 按钮,接触器 KM_4 与接触器 KM_1 闭合,使电动机 M_2 在高速上反转运行,停车时按下 SB_2 即可停止电动机运行。若这时想改变为低速运行,只要把双速开关转向 1、3 接通,即可操纵电动机 M_2 正反转工作均为低速运行。低压灯工作时开动开关 S 即可;M_1 冷却泵电动机工作时,只要将转换开关 QS_2 拨向接通位置便能开始运转工作。

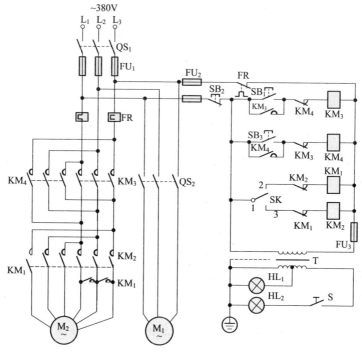

图 8.4　X8120W 型万能工具铣床电气控制电路

8.4.2　X8120W 型万能工具铣床常见故障及检修方法

1. 故障一

故障现象：铣床铣头电动机操作后不能启动。

故障原因：

① 熔断器 FU_1 或 FU_2 熔断数相。

② 按下操作按钮后闭合不上或停止按钮常闭触点接触不良。

③ 接触器 KM_3 线圈串接的接触器 KM_4 常闭互锁触点接触不良。

④ 接触器 KM_3 线圈烧坏。

⑤ 接触器 KM_3 主触点接触不良。

⑥ 热继电器 FR 常闭控制触点动作或接触不良。

⑦ 电动机 M_2 负载过重或卡死。

⑧ 电动机 M_2 线圈烧毁。

检修方法：

① 用低压验电笔测试熔断器 FU_1 三相下桩头电压是否相等，若哪一相无电压，而 FU_1 上桩头三相电压又正常时，那么可判明该熔丝熔断，要更换同规格的熔丝。然后再测熔断器 FU_2，检查并排除故障。

② 在断开铣床电源的情况下，用万用表电阻挡单独测启动按钮 SB_1 常开触点在按下后是否能可靠接通线路，若不能要更换按钮，若正常还要用万用表测停止按钮 SB_2 常闭触点，若不能闭合也要更换按钮。

③ 用万用表在断开电源的情况下测接触器 KM_3 线圈所串接的 KM_4 常闭触点，是否能恢复原位可靠闭合，若不能，要查接触器 KM_4 触点是否熔焊或动作机构不良造成不能恢复原位，根据具体情况或分开触点或修整动作机构。若是接触器 KM_4 辅助常闭触点有污垢而接触不良，要用细砂纸打磨触点使其接触良好。

④ 用万用表电阻挡在断开电源的情况下测接触器 KM_3 线圈，如线圈断线或烧毁时，要更换接触器线圈。

⑤ 断开电源，打开接触器 KM_3 灭弧盖，检查触点在接触动作时能否可靠接通线路，若不能要更换接触器主触点。

⑥ 在断开铣床电源的情况下用万用表电阻挡测热继电器 FR 常闭控制触点，若常闭触点断路时，要从两方面找原因，一是热继电器是否超过额定电流而动作，二是热继电器本身触点接触不良。如果热继电器动作，要查负载是否超载，并加以解决；如果热继电器本身触点接触不良，要更换热继电器。

⑦ 用手转动一下电动机 M_2 的风叶，若发现电动机负载卡死或过重时，要检修机械负载；若是电动机本身轴承损坏，要更换电动机轴承。

⑧ 用 500V 兆欧表测电动机 M_2 线圈绝缘电阻，若测得电动机线圈绝缘损坏接地时，要重新绕制电动机线圈。

2．故障二

故障现象：铣床铣头电动机 M_2 只能低速运转，或只能高速运转而不能换速。

故障原因：

① 双速开关 SK 损坏，只能在低速或高速位置上。

② 接触器 KM_1 或 KM_2 线圈损坏或动作机构卡死。

③ 接触器 KM_1 或 KM_2 互锁常闭触点有一组接触不良。

检修方法：

① 用万用表电阻挡在断开铣床电源的情况下测 SK 开关 1 和 2 在拨动时能否通断，然后再测 SK 开关 1 和 3 在拨动时能否通断，若有一组不能通断，表明 SK 开关已损坏，应予更换。

② 在断开铣床电源的情况下用万用表电阻挡测接触器 KM_1 或 KM_2 线圈，若某个线圈烧坏不通时，要更换接触器线圈或更换整个接触器。也要检查机械动作机构，若卡死动作不灵活时，也需更换接触器。

③ 在断开电源的情况下用万用表电阻挡测接触器 KM_1 或 KM_2 相互串接的互锁常闭辅助触点，若测得哪一组触点接触不良要擦拭打磨触点使其接触良好，若是该接触器不能恢复到原位时，要找出原因使其恢复原位或更换整个接触器。

3. 故障三

故障现象： 铣床铣头电动机只能正转不能反转，或只能反转不能正转。

故障原因：

① 启动按钮 SB_1 或 SB_3 按下后接不通线路。

② 接触器 KM_3 或 KM_4 线圈有一个烧坏或动作机构卡死。

③ 接触器自锁触点本身接触不良。

检修方法：

① 在断开铣床电源的情况下，用万用表电阻挡测按钮 SB_1 或 SB_3 在按下时能否可靠闭合接通，如果某个按钮不能闭合接通，要更换该按钮。

② 用万用表电阻挡测接触器 KM_3 或 KM_4 线圈，查出断线烧毁时要更换该线圈；如果线圈完好，应进一步查找是否接触器动作机构不灵、主触点发生熔焊等，进行修理或更换整个接触器。

③ 检查接触器 KM_3 或 KM_4 的自锁常开触点能否在吸合后可靠接通线路，对接触不好的触点用细砂纸打磨或校正触片，使其接触良好。

4. 故障四

故障现象： 铣床冷却泵电动机在操作后不能运转。

故障原因：

① 冷却泵电动机开关 QS_2 在操作后接触不上或开关损坏。

② 冷却泵电动机泵叶里有杂物卡住。

③ 冷却泵电动机绕组烧坏。

④ 冷却泵电动机轴承损坏。

检修方法：

① 断开电源检查 QS_2 操作后的触片接触情况，若开关 QS_2 损坏则要更换。

② 清除泵叶内的杂物。

③ 用 500V 兆欧表测量冷却泵电动机 M_1 线圈，若线圈断线或线圈绝缘损坏对地时，要更换电动机线包。

④ 检查电动机 M_1 是否能转动灵活，若检查出电动机轴承损坏，要更换电动机轴承。

5. **故障五**

故障现象： 低压照明灯不亮。

故障原因：

① 熔断器 FU_3 熔断。

② 变压器 T 线圈断线或烧毁。

③ 开关 S 损坏接触不良。

④ 灯泡与灯座接触不良。

⑤ 低压灯泡烧毁。

检修方法：

① 检查熔断器 FU_3 熔丝是否熔断，若熔断了应更换熔丝。

② 在通入电源的情况下，用万用表交流电压挡测变压器 T 初级电压应为 380V，次级电压应为 36V，若无电压应找出变压器断线点重新接好，若变压器外部无断线点则有可能是变压器内部烧毁，要更换 T 变压器。

③ 在断开电源的情况下，用万用表电阻挡单独测开关 S，若在拨动开关后接不通线路，说明开关 S 已损坏，应予更换。

④ 旋紧灯泡，或把灯座内舌片向外勾出些再装上灯泡。

⑤ 直观检查灯丝是否烧断，若灯丝烧断时，要更换灯泡。

6. **故障六**

故障现象： 指示灯不亮

故障原因：

① 变压器次级线圈断线。

② 指示灯与灯座配合处接触不良。

③ 指示灯灯泡烧坏。

检修方法：

① 用万用表测变压器 T 次级线圈电阻,若线路不通应检查是否线圈接线头松脱,要找出断线点重新接好。

② 检查灯座连接线连接是否可靠,灯座与指示灯接触是否牢靠。找出接触不良之处,重新接好连接线。

③ 去掉指示灯灯泡,用万用表电阻挡测指示灯灯丝是否断路,若断路时要更换指示灯灯泡。

第 9 章

变压器故障检修

变压器的测试

1. 绝缘电阻测试

测试充油变压器的绝缘电阻通常使用 1000V 或 5000V 的高压绝缘电阻表。测试充油变压器原边绕组与外壳之间的绝缘电阻时,用绝缘电阻表 E 端子(接地端)的导电夹子夹住外壳接地线的端子,L 端子(电路端)的探头与原边的端子接触,如图 9.1 所示。

图 9.1　充油变压器原边绕组与外壳之间的绝缘电阻测试

测试充油变压器的副边绕组与外壳之间的绝缘电阻时,使用 500V 的绝缘电阻表。用绝缘电阻表 E 端子(接地端)的导电夹子夹住外壳接地线的端子,L 端子(电路端)的探头与原边的端子接触,如图 9.2 所示。

图 9.2　充油变压器副边绕组与外壳之间的绝缘电阻测试

测试充油变压器原边绕组与副边绕组之间的绝缘电阻时,用绝缘电阻表 E 端子(接地端)的导电夹子夹住副边绕组的端子,L 端子(电路端)的探头与原边绕组的端子接触,如图 9.3 所示。

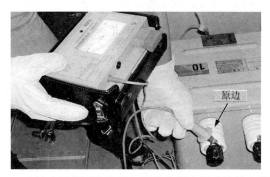

图 9.3　充油变压器原边绕组与副边绕组之间的绝缘电阻测试

模塑变压器的绝缘电阻测试与充油变压器相同,使用 1000V 或 5000V 的高压绝缘电阻表。

测试模塑变压器的原边绕组与外壳之间的绝缘电阻时,用绝缘电阻表 E 端子(接地端)的导电夹子夹住外壳接地线的端子,L 端子(电路端)的探头与原边绕组的端子接触,如图 9.4 所示。

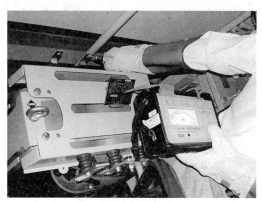

图 9.4　模塑变压器原边绕组与外壳之间的绝缘电阻测试

测试模塑变压器的副边绕组与外壳之间的绝缘电阻用 500V 绝缘电阻表,将绝缘电阻表 E 端子(接地端)的导电夹子夹住外壳接地线的端子,L 端子(电路端)的探头与副边绕组的端子接触,如图 9.5 所示。

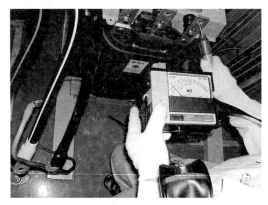

图 9.5　模塑变压器副边绕组与外壳之间的绝缘电阻测试

测试模塑变压器的原边绕组与副边绕组之间的绝缘电阻时,将绝缘电阻表 E 端子(接地端)的导电夹子夹住副边端子,L 端子(电路端)的探头与原边绕组的端子接触,如图 9.6 所示。

图 9.6　模塑变压器原边绕组与副边绕组之间的绝缘电阻测试

2. 局部放电测试

测试高压套管(原边)的局部放电时,用超声波检测器(简易局部放电检测器)距离测点 1m 左右,使激光的光点对准充油变压器的高压套管部分(原边),测试声压的电平值。此时要搜寻扬声器音量最大的点。测量时要注意身体周围的带电部分,确保安全,如图 9.7 所示。

测试低压套管(副边)的局部放电时,用超声波检测器距离测点 1m 左右,使激光的光点对准充油变压器的低压套管部分(副边),测试声压的电平值。此时要搜寻扬声器音量最大的点。测量时要注意身体周围的带

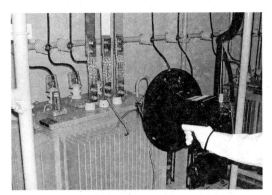

图 9.7 测试高压套管（原边）的局部放电

电部分,确保安全,如图 9.8 所示。

图 9.8 测试低压套管（副边）的局部放电

测试高低压套管连接部分的局部放电时,用超声波检测器距离测点 1m 左右,使激光的光点对准充油变压器的高压、低压套管的连接部分（原边、副边）,此时要搜寻扬声器音量最大的点。测量时要注意身体周围的带电部分,确保安全,如图 9.9 所示。

图 9.9 测试高低压套管连接部分的局部放电

3. 噪声测试

噪声计(图 9.10)能捕捉被测物体发出的声波大小,在显示屏上用分贝(dB)表示音量。

图 9.10 噪声计的外观

将噪声计的电源开关接通(ON),用校正装置(CAL)校正灵敏度。选择动特性切换开关的快(FAST)或慢(SLOW)。测试应在额定频率、额定电压、无负荷状态进行。测试点要选在变压器高度的 1/2 处,距离外皮 30cm 的前后两个地点测量,如图 9.11 所示。

图 9.11 用噪声计测试变压器的噪声

同样在变压器高度的 1/2 处，距离外皮 30cm 的左右两个地点测量音量，如图 9.12 所示。

图 9.12 用噪声计在变压器的正面测试噪声

4. 温度测试

小容量变压器一般不设置温度计。没有温度计的变压器可以用示温贴片，日常巡视检查在远处就可以看见。图 9.13 表示示温贴片的粘贴位置。

大容量变压器设置有温度计，日常巡视检查就用温度计进行温度管理。读温度计数据时应注意周围带电部分的安全。如果没有能安全读温度计的地方，可以在容易看到的地方贴示温片，如图 9.14 所示。

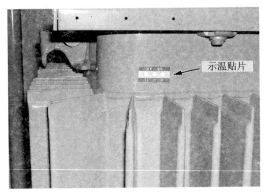

图 9.13　用示温贴片进行温度管理

图 9.14　用温度计进行温度管理

　　用接触式表面温度计测试变压器温度时,要把检测温度的温度传感器贴在距离上部近的地方,直接读温度计显示板的数值,如图 9.15 所示。

　　用辐射温度计不必接近机器即可测量温度,因此,适合于日常巡视检查的温度管理。可测试高压带电部分、连接部分、外壳等,如图 9.16 所示。

　　对电压互感器、电流互感器进行温度测试时,要测试高压连接部分、熔断器、互感器的本体等,如图 9.17 所示。配线断路器要测试连接部分及本体等,如图 9.18 所示。

测温部

图 9.15　用接触式表面温度计测量温度

图 9.16　用辐射温度计测试高压带电部分的温度

图 9.17　用辐射温度计测试电流互感器的温度

图 9.18　用辐射温度计测试配线断路器的温度

5. 绝缘油的破坏电压测试

绝缘油的测试内容有绝缘破坏电压试验、酸价测试、油中的水分测试、电阻率测试等。绝缘破坏电压试验使用绝缘油耐压试验器（图 9.19）。

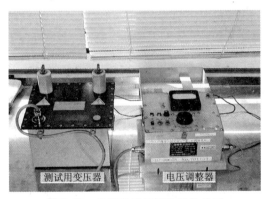

图 9.19　绝缘油耐压试验器的外观

绝缘破坏电压试验用的电极是直径 12.5mm 的球状电极，电极间隙可用千分尺准确调整到 2.5mm，如图 9.20 所示。

进行试验前先要用试样油把油杯容器及电极充分洗净。将采自变压器的试验油倒入油杯的刻度位置（电极上 20mm），水平放在绝缘油耐压试验器的试验用变压器上，如图 9.21 所示。

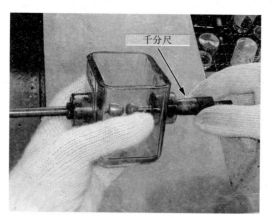

图 9.20 电极间隙的调整

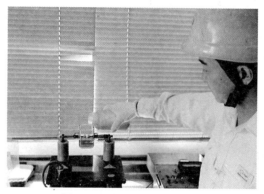

图 9.21 将试样油倒入油杯

此时电源的开关要断开(OFF),将电压调整器的旋钮调到零位。

装好油杯后,用与油杯一体的千分尺将电极间隙微调整到 2.5mm,等数分钟后试样的气泡消失即可开始试验。将电压调整器的旋钮慢慢向右旋转,以每秒 3000V 的速度使电压上升,如图 9.22 所示。

电极的间隙一旦放电就断路了,此时从电压表读取绝缘破坏电压的数值。同样的操作进行 5 次,更换试验油(图 9.23)。同一试验合计做 10 次,各把第 1 次的数值舍弃,剩余 8 次数据的平均值即作为绝缘破坏电压(表 9.1)。

试验油绝缘破坏时,电源开关会动作断开电路。电源开关断开后要用测电器检查电极的端子确实没有电压,同时应使绝缘油耐压试验器本体的接地线与电极端子接触,如图 9.24 所示。

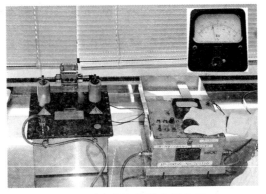

图 9.22　施加绝缘破坏电压

图 9.23　试验后的油杯

图 9.24　接地线接触电极端子

表 9.1　绝缘破坏电压试验

试样次数	破坏电压/kV						判　断
	1	2	3	4	5	平均	
1	30	30	28	33	35		
2	30	33	33	35	30	32.1	良

第1次的数据舍弃　　　　　　8次的平均值

6. 绝缘油的酸价测试

测试酸价可以判断绝缘油的老化程度。中和 1g 油中含有的酸性成分所需氢氧化钾的毫克数就是酸价。图 9.25 所示为酸价测试器的外观。

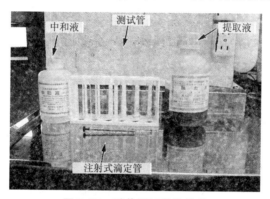

图 9.25　酸价测试器的外观

用注射器从变压器中抽取 $20\sim30$cc 绝缘油作试样,准确注入测试管的 5cc 刻度处,如图 9.26 所示。

取下注射式滴定管的针头,用滴定管吸取中和液。针头不要沾中和液,如图 9.27 所示。

在装有 5cc 试验油的测试管中再加 5cc 提取液到测试管 10cc 的刻度处。加入提取液后要充分摇晃测试管使试验油与提取液混合均匀,如图 9.28 所示。

在试验油与提取液的混合液中加入中和液,如图 9.29 所示。

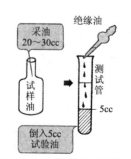

图 9.26　把试验油注入测试管

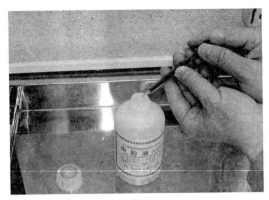

图 9.27 吸取中和液

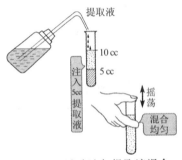

图 9.28 试验油与提取液混合

　　注射式滴定管有刻度,加 1 格刻度的中和液后摇晃测试管,等液体静止后判断。如果是蓝色再加 1 格刻度的中和液,当液体从蓝色变成红褐色时,中和液的使用量就代表酸价。绝缘油老化程度与酸价的关系见表 9.2。

图 9.29 中和液注入滴定管

表 9.2　绝缘油老化程度与酸价的关系

酸　价	判　断
0.2 以下	良　好
0.2～0.4	要注意
0.4 以上	不　良

向注射式滴定管注入中和液后,从蓝色变成红褐色的情形如图 9.30 所示。

图 9.30　从蓝色变成红褐色

7. 绝缘油的简易酸价测试

由装有判断液的玻璃瓶和比色板构成的简易酸价测试器(图 9.31)可在现场迅速、简便测试绝缘油的酸价。

图 9.31　简易酸价测试器

用吸管从变压器中采集试验油,到吸管红线刻度液面的凹处,如图 9.32 所示。

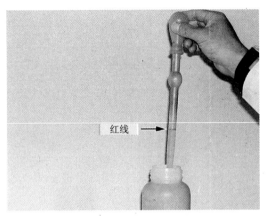

图 9.32　用吸管采集试验油

按照表 9.3 及表 9.4 中油的颜色,打开装有判断液的玻璃瓶盖子。注入用吸管采集的试验油(图 9.33)。

将试验油注入装有判断液的玻璃瓶后盖紧瓶盖,充分摇晃 3~5s,放置 2~3min,如图 9.34 所示。

表 9.3　油颜色与使用的瓶子

油的颜色	使用的判断瓶
接近透明	蓝色瓶
稍带褐色	白色瓶
棕褐色	红色瓶

表 9.4　判断液的判断范围

瓶盖的标志	液　色	用　途
蓝　色	蓝　色	判断酸价 0.1 以下用
白　色	蓝　色	判断酸价 0.2 用
红　色	紫红色	判断酸价 0.4 用

图 9.33 将试验油注入装判断液的玻璃瓶

图 9.34 充分摇晃玻璃瓶

　　玻璃瓶中的试验油分离成两层,将分离在上层的部分与比色板对照。如果没有分离成两层就比较全部液体的颜色,如图 9.35 所示。

　　比较玻璃瓶与比色板(图 9.36),读取与判断试验油同样颜色的数值,根据表 9.5 判断。

表 9.5　绝缘油老化程度与酸价的判断表

酸　价	判　断
0.2 以下	良　好
0.2～0.4	要注意
0.4 以上	不　良

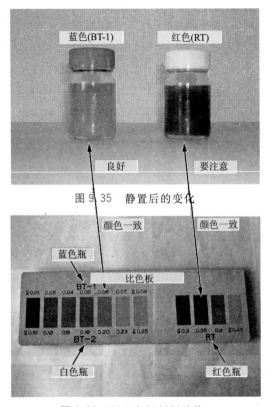

图 9.35　静置后的变化

图 9.36　用比色板判断酸价

<big>**9.2**</big>　**变压器层间短路的检测**

　　变压器的故障可以分为内部故障与外部故障，如图 9.37 所示。故障的表面现象及对策示于表 9.6。层间短路也叫局部短路，是变压器绕组层与层之间的绝缘破坏，使绕组短路所致。层间短路可以使变压器过热，甚至烧坏。

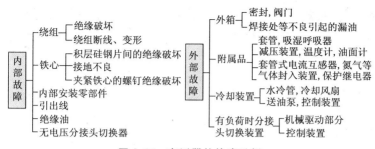

图 9.37 变压器的故障示例

表 9.6 **小容量变压器的故障原因及对策**

现象及原因		对 策
一般故障（大部分伴有烧损）	二次配线短路引起的烧损	安装容量适当的断路器，按颜色区别，配线要整齐
	过载引起的烧损	配置容量适合于负荷的变压器，安装双金属片式烧损防止器
	绝缘物老化引起的烧损	按计划定期维护可延长寿命
	绝缘油老化引起的烧损	更换新的绝缘油（可防止冷却效果及绝缘耐力降低）
	套管事故	保持套管清洁
	雷击引起的烧损	避雷器设备
局部短路 这是主题 断线	浸　水	检查套管有无裂缝，铁板有无锈孔
	分接头不良	更换正确的分接头
	落下金属片等异物	切换分接头及检查内部时防止工具坠落
	雷　击	安装避雷器
	过　载	负荷管理
	绕组与引线之间断线	制造不良，应严格质量管理
	分接头或螺钉松动	充分紧固
	雷　击	安装避雷器

1. 层间短路的检测

如果测量一台变压器的二次电流，有层间短路的变压器与正常的变压器大不相同。这是因为有层间短路的变压器在短路点流过的电流会与励磁电流相加的缘故，因此变压器有无短路可以用二次电流的大小来判断,如图 9.38 所示。励磁电流的频率特性示于图 9.39,可以看出它与有无层间短路无关,在某个频率下电流为最小。

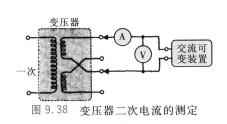

图 9.38　变压器二次电流的测定

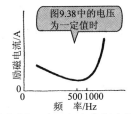

图 9.39　励磁电流的频率特性

2. 判断有无层间短路

① 准备。将测试器的开关置于"局部短路"的位置。短接测试用的端子,按下判断按钮。如果红灯亮,蜂鸣器响;打开测试用的端子,如果红灯灭,蜂鸣器不响,说明功能正常。

打开变压器的一次及二次断路器,可防止触电及高空作业时出现坠落事故。环境黑暗时应准备作业照明。

② 测定。将测试引线接到变压器的二次侧,如图 9.40 所示。测试器的切换开关置于"局部短路"的位置,按下判断按钮。如果红灯亮,蜂鸣器响就是层间短路,否则就是没有层间短路。所加的电压是 10V、400Hz,判断是否合格的基准电流是 0.5A。

3. 判断是否断线及测量绝缘电阻

在变压器绕组的"断线"故障中,有导线完全断开的,有即将断开的,也有因接触不良使接触电阻增大的,都必须检测出来。

把测试电压加在一次侧或二次侧的端子上,过 10s 后根据电流的大小自动计算出直流电阻是否达到 500Ω 以上。达到 500Ω 以上即可判断为断线,此时红灯亮,蜂鸣器响。

此外,绝缘电阻也是判断变压器好坏的重要因素。绝缘电阻在 30～100MΩ 的范围就是"良好",在刻度盘的绿色区显示。

如果变压器的绝缘电阻很低,应使用 1000V 或 2000V 的绝缘电阻计,以提高判断的精度。

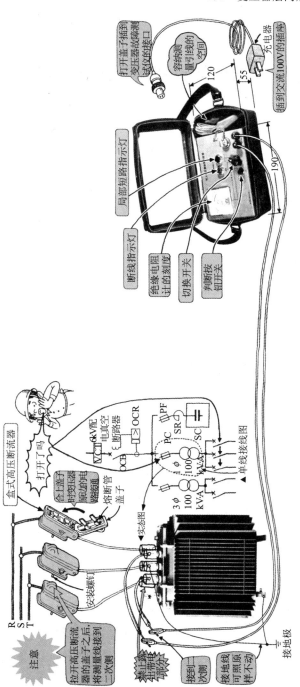

图9.40　变压器故障测试仪的使用方法

变压器的安装和预防性维护

变压器(图 9.41)在安装前应该检查一下是否有输送过程中可能造成的物理损伤。要特别检查以下几点：

① 在变压器外壳上是否有过度的凹陷。

② 螺帽、螺栓和零件是否松懈。

③ 凸出部分如绝缘物、计量器和电表是否损坏。

图 9.41　配电变压器

如果变压器是液体冷却，需要检查冷却剂液位。如果冷却剂液位低，检查液体罐上是否有泄漏的迹象并确定漏液的精确位置。如果超过了正常液位，则在正常情况下冷却剂产生的热量就会导致漏液。为了检测到超过正常冷却剂液位时的漏液情况，应该用惰性气体如氮气等将液体罐压力从 3psi 增加到 5psi。将溶解的肥皂水或冷水涂在可疑的对接处或焊接处，如果在该处液体有泄漏现象，就会出现细小的气泡。

如果变压器是新安装的设备，则需要检查变压器铭牌上的参数，以确保符合安装的 kV·A、电压、阻抗、温升和其他安装要求。

通过合适的维护可以增加变压器寿命。因此应该建立检修维护计划来增加设备的使用期限。变压器检修的频率取决于工作条件。如果变压器处于干净而且比较干燥的地方，每年检修一次就足够了。在有灰尘和化学烟雾的恶劣环境下，就需要更频繁的检修。一般来说变压器厂商对于每个已售出的特定类型的变压器会推荐一种预防性维修程序。在检修过程中需要检查和保养的项目包括：

① 清除绕组或绝缘套上的污垢和残渣，从而使空气自由流通并能降低绝缘失效的可能性。

② 检查破损或有裂痕的绝缘套。

③ 尽可能地检查所有的电力连接处。连接松动会导致电阻增加产生局部过热。

④ 检查通风道的工作状态，清除障碍物。

⑤ 检验冷却剂的介电强度。

⑥ 检查冷却剂液位，如果液位过低要增加冷却剂的量，但不要超过液位标准面。

⑦ 检查冷却剂压力和温度计。

⑧ 用兆欧表或高阻计进行绝缘电阻检测。

变压器可以安装在室内也可以安装在室外。由于某些类型的变压器存在潜在危险，因此如果把这些变压器安装在室内就要遵守特定的安装要求。一般情况下，变压器和变压器室应设在专业人员维修时易于进入而限制非专业人员接近的位置。

变压器室有两个作用，首先它可以使非专业人员远离存在潜在危险的电气零件；其次它还可以承受由于变压器故障而引起的火灾和燃烧。

9.4 隔离开关、断路器的维护检修

1. 隔离开关的检修

隔离开关是在额定电压下仅能接通或脱离带电线路，而不能进行负荷电流下开关的电器。

（1）隔离开关的老化原因

隔离开关的老化现象表现为在发生灾害、事故之前出现一些预兆，如与发热有关的出现变色、热浪;此外,与开关不良有关则有手动操作时,操作太沉重等。因此,在发生事故前必须检查,掌握这些现象并采取适当的措施。隔离开关的老化原因如图9.42所示。

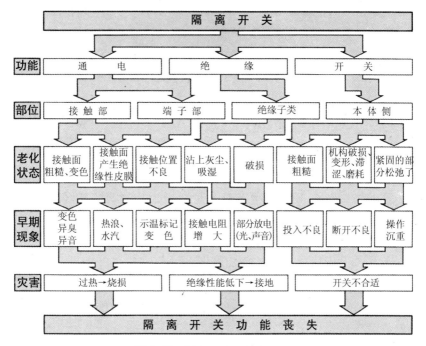

图9.42　隔离开关的老化原因

（2）隔离开关的维护检修

隔离开关由于其接触部分和主要机构部分暴露在空气中,受外部环境影响,在长期使用后其开关动作功能及通电性能都会出现问题。因此,为了保持隔离开关的性能,及早地发现可能产生问题的所在以防发生事故,进行有效的维护检修是非常重要的,如图9.43所示。

发现有异常情况时,停止运行,调查分析发生的原因。

① 隔离开关的开、关操作。

• 合闸操作。将钩棒的钩子插入刀片的钩孔中,对准刀片与接触片的中心方位,稳当投入。合闸后要注意安全止动销的插入情况。

• 拉闸操作。用钩棒将刀片稍拉一下,若无异常就使其安稳地处于正常的开断位置(此操作称作两步切除操作)。

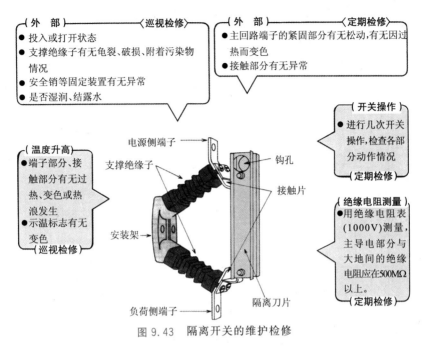

〈外 部〉————〈巡视检修〉
● 投入或打开状态
● 支持绝缘子有无龟裂、破损、附着污染物情况
● 安全销等固定装置有无异常
● 是否湿润、结露水

〈外 部〉————〈定期检修〉
● 主回路端子的紧固部分有无松动,有无因过热而变色
● 接触部分有无异常

〈温度升高〉
● 端子部分、接触部分有无过热、变色或热浪发生
● 示温标志有无变色
〈巡视检修〉

〈开关操作〉
● 进行几次开关操作,检查各部分动作情况
〈定期检修〉

〈绝缘电阻测量〉
● 用绝缘电阻表(1000V)测量,主导电部分与大地间的绝缘电阻应在500MΩ以上。
〈定期检修〉

电源侧端子
支撑绝缘子
安装架
负荷侧端子
钩孔
接触片
隔离刀片

图 9.43 隔离开关的维护检修

② 隔离开关的更新年限。隔离开关在对其部分元件修理或更换之后,还可以继续使用。但若机构整体发生松动、其功能不能发挥,就应全部更新。推荐更新年限为开始使用后 20 年或操作 1000 次后。

2. 真空断路器的检修

断路器是一种不但能对正常状态的电路进行开、关,而且对于异常状态,特别是短路状态的电路也能进行开、关的装置。

近年来,在高压自用受变电设备的主断路装置的断路器中,由于真空断路器具有安全、经济(体积小、重量轻)等优点,因此被广泛采用。真空断路器是将电路的开断安排在高真空的容器(真空室)内,使一对触点断开的断路器。

(1)真空断路器老化的主要原因

真空断路器的老化,除受使用的外部环境(周围温度、湿度、空气等)很大影响外,也会受使用的电路发生短路或接地时的影响,一般说来其老化的主要原因如图 9.44 所示。

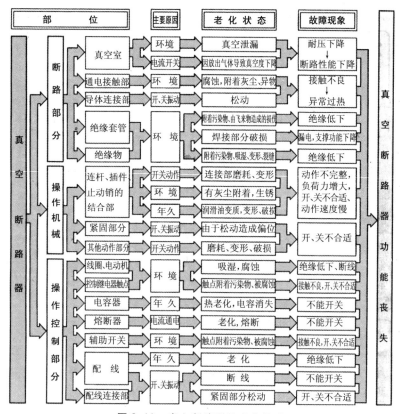

图9.44　真空断路器的老化机理

（2）真空断路器的维护检修

为了做好对真空断路器的日常维护检修，要很好地掌握断路器的额定数据、特性等，以选择其最佳状态来使用，同时又可尽早发现有问题的地方，防患于未然。为此，必须进行日常和定期的维护检修，如图9.45所示。

（3）断路器的更换年限

断路器虽可对其一部分器件进行修理或更换后再继续使用，但若机构全部发生松动而不能满足使用功能时，就必须更换新的。

推荐更换年限为使用过20年或已到规定的开关次数。所谓规定的开关次数是指制造厂的产品目录上推荐的机械的、电气的开关寿命次数。

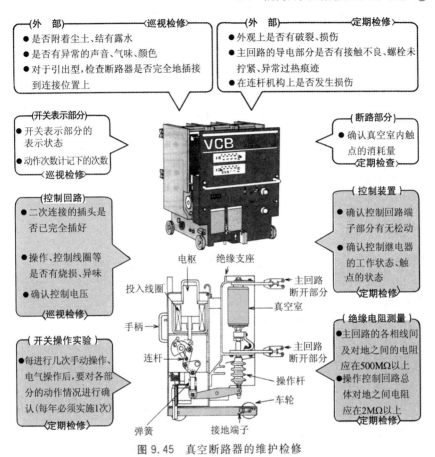

〈外　部〉〈巡视检修〉
● 是否附着尘土、结有露水
● 是否有异常的声音、气味、颜色
● 对于引出型,检查断路器是否完全地插接到连接位置上

〈外　部〉〈定期检修〉
● 外观上是否有破裂、损伤
● 主回路的导电部分是否有接触不良、螺栓未拧紧、异常过热痕迹
● 在连杆机构上是否发生损伤

〈开关表示部分〉
● 开关表示部分的表示状态
● 动作次数计记下的次数
〈巡视检修〉

〈断路部分〉
● 确认真空室内触点的消耗量
〈定期检查〉

〈控制回路〉
● 二次连接的插头是否已完全插好
● 操作、控制线圈等是否有烧损、异味
● 确认控制电压
〈巡视检修〉

〈控制装置〉
● 确认控制回路端子部分有无松动
● 确认控制继电器的工作状态、触点的状态
〈定期检修〉

〈开关操作实验〉
● 每进行几次手动操作、电气操作后,要对各部分的动作情况进行确认(每年必须实施1次)
〈定期检修〉

〈绝缘电阻测量〉
● 主回路的各相线间及对地之间的电阻应在500MΩ以上
● 操作控制回路总体对地之间电阻应在2MΩ以上
〈定期检修〉

电枢　绝缘支座
投入线圈
主回路断开部分
真空室
手柄
连杆
主回路断开部分
操作杆
车轮
弹簧　接地端子

图 9.45　真空断路器的维护检修

3. 断路器的故障分析

断路器的故障分析如图9.46所示。

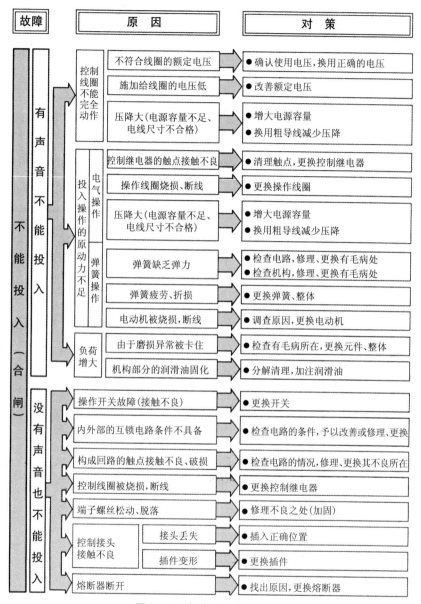

故障	原　因	对　策
	不符合线圈的额定电压	● 确认使用电压,换用正确的电压
	施加给线圈的电压低	● 改善额定电压
	压降大(电源容量不足、电线尺寸不合格)	● 增大电源容量 ● 换用粗导线减少压降
	控制继电器的触点接触不良	● 清理触点,更换控制继电器
	操作线圈烧损、断线	● 更换操作线圈
	压降大(电源容量不足、电线尺寸不合格)	● 增大电源容量 ● 换用粗导线减少压降
	弹簧缺乏弹力	● 检查电路,修理、更换有毛病处 ● 检查机构,修理、更换有毛病处
	弹簧疲劳、折损	● 更换弹簧、整体
	电动机被烧损,断线	● 调查原因,更换电动机
	由于磨损异常被卡住	● 检查有毛病所在,更换元件、整体
	机构部分的润滑油固化	● 分解清理,加注润滑油
	操作开关故障(接触不良)	● 更换开关
	内外部的互锁电路条件不具备	● 检查电路的条件,予以改善或修理、更换
	构成回路的触点接触不良、破损	● 检查电路的情况,修理、更换其不良所在
	控制线圈被烧损,断线	● 更换控制继电器
	端子螺丝松动、脱落	● 修理不良之处(加固)
	接头丢失	● 插入正确位置
	插件变形	● 更换插件
	熔断器断开	● 找出原因,更换熔断器

（故障列左侧纵向文字：不能投入（合闸）／有声音不能投入／没有声音也不能投入；原因栏纵向文字：控制线圈不能完全动作／投入操作的原动力不足（电气操作／弹簧操作／负荷增大）／控制接头接触不良）

图 9.46　断路器的故障分析

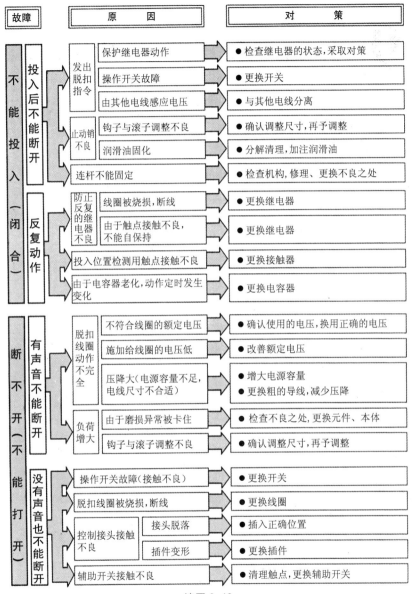

续图 9.46

避雷器与高压交流负荷开关的维护检修

1. 避雷器

避雷器（LA）是一种具有下列功能的装置，即能将由于雷击或电路开关造成的冲击过电压所致电流入地，从而限制过电压保护电气设备绝缘，并且在短时间内断开续流，使电路的正常状态不受干扰，恢复原状。

避雷器的作用是当线路上受到巨雷浪涌等造成的过电压侵入时，其串联间隙放电，使浪涌电流流入大地。由于特性元件的非线性电阻体的作用，使避雷器的端电压限制为低值从而保护了电气设备。

（1）避雷器老化的主要原因

避雷器老化的主要原因示于图 9.47。

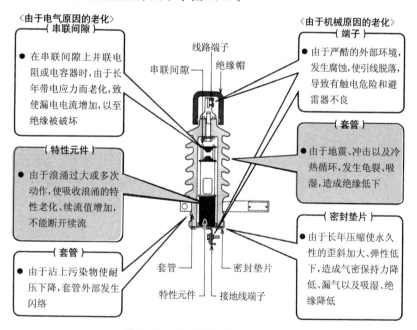

图 9.47　避雷器老化的主要原因

（2）避雷器的老化进展机理

根据具有串联间隙的避雷器在电气方面、机械方面产生老化的主要原因，其各部分产生异常及造成的损害或事故如图 9.48 所示。

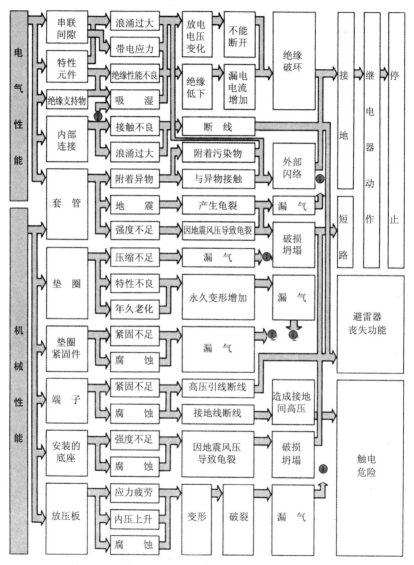

图 9.48　避雷器的老化进展机理

（3）避雷器的维护检修

由于避雷器是静止的电器,且其动作也较少,因此在设置以后常出现放置在那里不进行维护检修的情况,以致因受使用环境和条件影响,密封构造长年老化,导致问题发生。因此,平时应进行适当的维护检修,如图9.49所示。

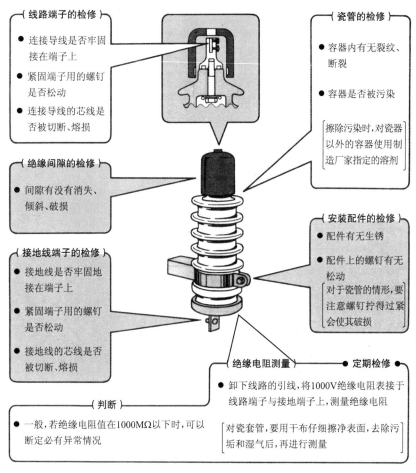

〔线路端子的检修〕
● 连接导线是否牢固接在端子上
● 紧固端子用的螺钉是否松动
● 连接导线的芯线是否被切断、熔损

〔绝缘间隙的检修〕
● 间隙有没有消失、倾斜、破损

〔接地线端子的检修〕
● 接地线是否牢固地接在端子上
● 紧固端子用的螺钉是否松动
● 接地线的芯线是否被切断、熔损

〔瓷管的检修〕
● 容器内有无裂纹、断裂
● 容器是否被污染

擦除污染时,对瓷器以外的容器使用制造厂家指定的溶剂

〔安装配件的检修〕
● 配件有无生锈
● 配件上的螺钉有无松动

对于瓷管的情形,要注意螺钉拧得过紧会使其破损

〔判断〕
● 一般,若绝缘电阻值在1000MΩ以下时,可以断定必有异常情况

〔绝缘电阻测量〕　● 定期检修 ●
● 卸下线路的引线,将1000V绝缘电阻表接于线路端子与接地端子上,测量绝缘电阻

对瓷套管,要用干布仔细擦净表面,去除污垢和湿气后,再进行测量

图 9.49　避雷器的维护检修

（4）避雷器的更换年限

根据以上所述避雷器的维护检修内容,以其可能产生老化为前提,推荐避雷器的更换年限为开始使用后的第15年。

2. 高压交流负荷开关

高压交流负荷开关是一种在高压交流电路中使用的电器,它在正常状态下能断开、接通所规定的电流并使电路通电,还能在此电路的短路状态和异常电流下投入,在规定的时间内通电。

高压交流负荷开关有室内型与室外型之分。室内型用作高压受变电设备的主断路装置、变压器、电容器的开关;而室外型则作为保安责任分界点上的区间开关等使用。

(1)高压交流负荷开关老化的主要原因

高压交流负荷开关老化的主要原因有因为温度、空气等外部环境影响使构成的元件老化的机械原因,以及由于电流通电所致应力影响而老化的电气原因,如图 9.50 所示。

电气原因所致老化		机械原因所致老化	
部　件	主要原因	部　件	主要原因
操作线圈	热循环差	外箱	腐蚀
绝缘支撑物、杆棒	绝缘表面老化、漏电	衬垫	老化,永久变形
辅助开关	接触不良,触点磨耗	绝缘套管、支撑绝缘子	打雷、台风、鸟害等外部原因
整流器	耐压不足	插件	生锈
电阻器	热循环差	弹簧	生锈
灭弧罩	因吸湿致使绝缘降低	轴承	生锈、磨耗

图 9.50　高压交流负荷开关老化的主要原因

主回路的触点由于受空气中的水分、氧气、尘埃、腐蚀性气体等影响,表面的电镀层及母材表面被氧化腐蚀,使接触电阻增大,导致通电发热严重而逐渐老化。

消弧室是利用断开电流时产生的电弧热,使消弧材料受热分解,利用此时产生的气体来灭弧,因此,消弧室是被消耗、老化的。

（2）高压交流负荷开关的更换年限

① 室内用为开始使用后 15 年或开、关负荷电流 200 次后。

② 室外用为开始使用后 10 年或开、关负荷电流 200 次后。

③ 带 GR 的开关的控制装置为开始使用后 10 年。

（3）高压交流负荷开关的维护检修

高压交流负荷开关的结构如图 9.51 所示，高压交流负荷开关在电线杆上的连接如图9.52所示。

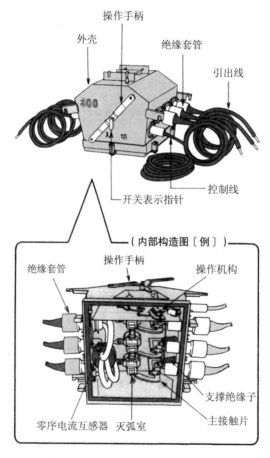

图 9.51 高压交流负荷开关的结构

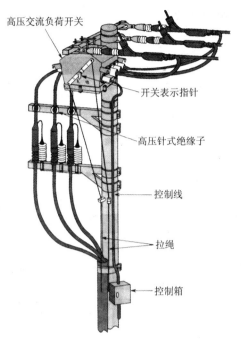

图 9.52　高压交流负荷开关在电线杆上的连接

① 外壳部分的检修。

· 是否生锈,轻微生锈还是中度生锈?用砂纸等除锈,涂油漆。对生锈厉害的,恐伤及防水性能,故应更换整个开关。

· 是否有异常变形。发生异常变形,是因为受到来自外部的强烈打击和内部异常致使压力上升的影响,应仔细进行检修。

· 手柄或指针是否生锈、变形、破损。对生锈者,用砂纸除锈,涂油漆;若影响到开关操作,则与制造厂家协商解决。

· 安装状态是否良好。要处在正常的安装状态。

· 衬垫是否龟裂、老化。

· 手柄部分及指针部分的防水性能是否良好。

② 绝缘套管部分的检修。

· 绝缘套管上有无龟裂、损伤。

· 有无灰尘及污染物等附着。对污染严重处,用汽油等洗净。

· 引出线有无损伤。

· 绝缘子固定件有无生锈。生锈轻微者,用砂纸等除锈,涂油漆。

③ 接触部分、灭弧室的检修。

· 灭弧室内有无龟裂、异常变形。

· 灭弧室的可动接触插入口有无异常消耗。

· 接触部有无异常变形、消耗、过热变色。

· 接触片是否处在消弧室的中心位置。对可动部分加注润滑油;若接触面上因电弧烧伤严重,则与制造厂家协商解决。

④ 确认开关表示指针。用操作手柄进行几次开关操作,观察指针是否在正常位置。

⑤ 操作机构部分的检修。

· 开关操作能否平滑进行。进行几次开关操作,检查是否有异常;手柄的负重为 100～300N;若因开关操作致使手柄负重非常沉重,或感到异常时,可更换开关或与制造厂家协商解决。

· 拉绳有无异常。在拉绳挂在配件和电器上的场合,为防止手柄负重导致开关操作障碍,可直接进行改正;拉绳若被切断,应予更换;勿使拉绳与跨接线等相触碰。

· 螺栓、螺母之类有无松动、脱落。将松动者拧紧;对脱落者,重新安装拧紧。

· 机构部分有无破损,止动销插有无异常。

· 锥形销、开口销是否正常,有无脱落。

· 开关次数有没有超过规定值。超过规定值时,应予更换。

⑥ 控制线的检修。控制箱中的控制回路、控制线有否异常。

⑦ 测量绝缘电阻。

· 用 1000V 绝缘电阻表测量主回路的绝缘电阻。

· 测量要在干燥状态下进行,要把控制回路端子一起接地。

· 主回路与大地之间绝缘电阻要在 100MΩ 以上。

· 不同相线的主回路之间绝缘电阻要在 100MΩ 以上。

· 同一相线的主回路之间绝缘电阻要在 100MΩ 以上。

 **变压器与仪用互感器的维护检修**

1. 变压器

属于高压自用受变电设备的变压器，其作用是把 6.6kV 的受电电压变成 105V 或 210V 的低压。变压器中广泛使用的有油浸变压器和干式变压器。油浸变压器是将铁心和绕组浸在绝缘油中，靠绝缘油提供电气绝缘并进行冷却。

（1）变压器老化的主要原因

变压器的老化主要是构成绕组的导体绝缘以及绕组间的绝缘物等老化所致，主要原因如图 9.53 所示。

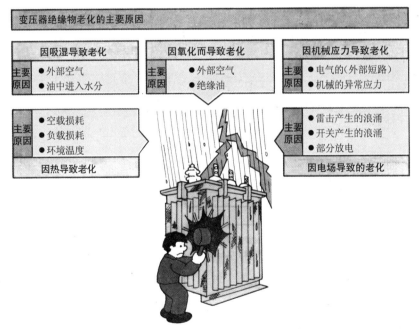

图 9.53 变压器老化的主要原因

变压器老化的原因，综合因素比单纯因素导致的情况更多，其中影响较大者有因热导致的老化，进而在吸湿的场合或存在氧气的场合更会产生热老化。

绝缘油的老化原因与吸收空气中的水分及混入杂质有关,但最主要的原因是氧化作用。由于与空气接触,绝缘油被氧化,致使变压器温度升高,由于铜、铁等接触作用及绝缘漆熔化等而促进老化。

（2）变压器的老化特征值

变压器的温度-寿命曲线、油温-绝缘电阻曲线、介质损失角正切（tanδ）-油温曲线、绝缘油总酸值-年份曲线如图 9.54～图 9.57 所示。

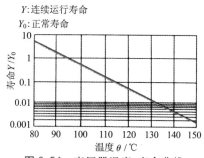

图 9.54　变压器温度-寿命曲线

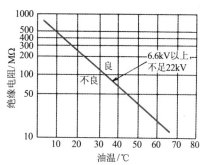

图 9.55　变压器油温-绝缘电阻曲线

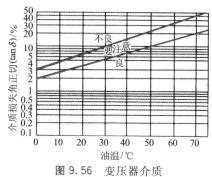

图 9.56　变压器介质
损失角正切（tanδ）-油温曲线

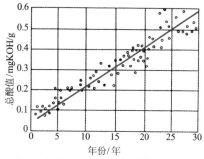

图 9.57　变压器绝缘油
总酸值-年份曲线

（3）变压器绝缘油老化的判断标准

变压器绝缘油老化的判断方法有测量总酸值、体积电阻率、介质损失角正切（tanδ）、绝缘破坏电压等法,其判断的标准值见表 9.7～表 9.9。绝缘破坏电压希望达到 30kV 以上。

表 9.7　**总酸值判断**　　　　　（mgKOH/g）

正 常	未超过 0.3
再生、更换	0.3~0.5
立即再生、更换	超过 0.5

表 9.8　**体积电阻率(50℃)**　　　（Ω·cm）

良 好	超过 1×10^{12}
要注意	1×10^{11}~1×10^{12}
不 良	未达到 1×10^{11}

表 9.9　**介质损失角正切(tanδ)**　　　（%）

良 好	未超过 1.25
有疑问	1.25~5.0
必须作更精密的检查	超过 5.0

注：作为变压器整体的介质损失角正切的判断，要根据上表所示介质损失角正切(tanδ)-油温曲线。

（4）变压器的维护检修

变压器(图 9.58)从开始运行以后就要进行维护检修。通常，要掌握其运行状态，这很重要。鉴于维护检修恰当与否，对运行的可靠性和寿命有影响，故应对检修内容、周期作出定期计划。

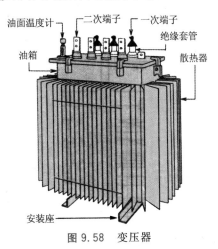

图 9.58　变压器

① 日常维修。

· 运行状况。确认、记录电压、电流、频率、功率因数、环境温度(有异常值指示)。

· 检查绝缘油。确认有否漏油;确认油面位置(有异常值指示)。

· 检查声音、振动。确认是否有异常声音发生。所谓异常音是指较高的铁心(励磁)声音,振动、共振、铁心高频振动及放电声音等。

· 检查外观。端子部有无异常;瓷管、元件有没有损坏、脱落;是否有放电痕迹;有没有生锈;有没有小动物留下的痕迹。

· 检查气味。确认有无异常气味(局部过热)发生。

· 检查防止油老化的装置。确认吸湿器吸湿剂是否有变色。

② 定期检修。

变压器定期检修内容见表 9.10。

表 9.10　变压器定期检修内容

检修项目	检修内容	原　因	对　策
油箱、散热器	· 漏油(封口不良) · 生锈、腐蚀	垫片老化、松弛 涂膜老化、附着盐分	更换衬垫、紧固 补涂油漆、强化耐氯化处理
绝缘套管	· 瓷管的污染、破损 · 端子板因过热而变色	过负荷、松动 接触面不良	清理、更换 减少负荷、紧固 清理、研磨、重镀
温度计	· 指示、动作不良	故障	修理、更换
油面计	· 油面(异常)	因漏油而降低,产生故障	修理(查明原因),更换
绕组	· 测量绝缘电阻 · 测量介质损失角正切	绝缘油、绝缘物吸湿、老化	过滤、更换绝缘油 清理绝缘套管
绝缘油	· 测量破坏电压 · 分析油中气体 · 测量酸值	吸湿、老化 变压器内部异常 绝缘油老化	过滤、更换 与制造厂家协商 更换

(5) 变压器的故障原因

变压器发生事故的原因一般很少是单方面的。由于一次侧的原因而引起二次侧、三次侧的事故并扩大,虽调查确定起来有一定困难,但借助于记载事故时的运行情况和各种检修记录等资料,对查明原因有很大帮助。

① 由型号不完备造成。

- 绝缘等级选定错误。
- 电压等级不合适。
- 容量不合适。
- 未考虑设置场所的环境(例如,湿度、温度、气体)。

② 由制作不完备造成。

- 设计、工作不良。
- 材料不良(包括导电、导磁材料、绝缘材料、结构材料)。

③ 由运行、维护不周全引起。

- 绝缘油老化。
- 接线错误。
- 操作失误。
- 过负荷或过励磁。
- 与保护继电器有关的检修不周全。
- 外部导体连接部分松动、发热。
- 衬垫、阀类检修不周全。
- 对尘垢、盐碱化等检修不力。
- 对附属器件保养不周全。

④ 由设备不完备造成。

- 施工不良。
- 避雷器的性能、保护范围不合适。
- 保护继电器、断路器不完备。

⑤ 其他原因。

- 检修后的现状恢复不周全。
- 由异常电压引起的毛病。
- 由自然老化、天灾引起的毛病。

2. 电压互感器、电流互感器

电压互感器、电流互感器(图 9.59)作为防止电气设备事故扩大的保护回路检测仪表,具有重要的功

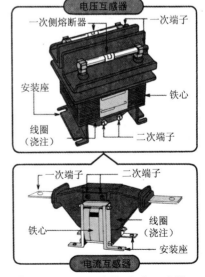

图 9.59 电压互感器、电流互感器

能,因此,适当地进行维护检修,以确保其使用的可靠性是十分必要的。

（1）日常检修

① 运行情况。确认仪表的指示值（注意异常值）。

② 外观检查。有无生锈、腐蚀；有无端子局部过热、变色（尤对电流互感器）；端子安装处有无变形、破损；有无裂纹；有无附着污染物；有无放电痕迹；有无漏电痕迹；有无小动物侵入的痕迹。

③ 检查声音、振动。确认有无异常声音发生。所谓异常声音是指铁心的高频振动音、共振音、放电音等。

④ 检查臭气。确认有无臭气（局部过热）发生。

（2）定期检修

仪用互感器定期检修内容见表9.11。

表9.11 **仪用互感器定期检修内容**

检修项目	检修内容	检修项目	检修内容
绝缘材料	测量绝缘电阻	外观检查	有无裂纹、放电痕迹
	部分放电试验	臭 气	有无异常臭气
安装情况	检查各安装部分	测量线圈电阻	高压线圈、低压线圈
连接部分	检查各连接部分	测量线圈电阻	高压线圈、低压线圈与大地之间（100MΩ以上）
浇注面	清理浇注面		
	检查浇注面的放电痕迹	耐压试验	高压线圈、低压线圈与大地之间（无异常）
	检查浇注面的裂纹		

第10章

维修电工常用接线

10.1 常用倒顺开关接线

1. HY2 系列倒顺开关接线

HY2 系列倒顺开关的外形如图 10.1 所示,电气原理图如图 10.2 所示,其接线如图 10.3 所示。

HY2 系列倒顺开关的技术参数见表 10.1。

图 10.1　HY2 倒顺开关

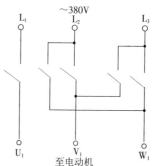

图 10.2　HY2 系列倒顺开关
电气原理图

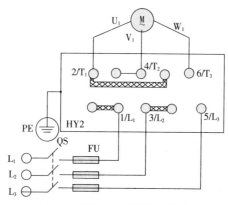

图 10.3　HY2 系列倒顺开关接线

表 10.1　**HY2 系列倒顺开关的技术参数**

参　数　型　号		HY2-15	HY2-30	HY2-60
额定电压		380V		
额定发热电流		15A	30A	60A
额定工作电流		7A	12A	20A
可控制三相感应电动机功率	380V	3kW	5.5kW	10kW
	220V	1.8kW	3kW	5.5kW

2. KO3 系列倒顺开关接线

KO3 系列倒顺开关的外形如图 10.4 所示,其控制三相异步电动机接线如图 10.5 所示。

图 10.4　KO3 倒顺开关

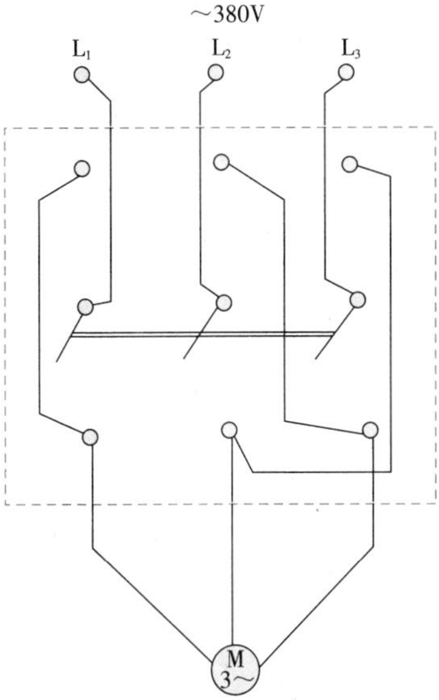

图 10.5　KO3 系列倒顺开关控制
三相异步电动机接线

图 10.6 所示为 KO3 系列倒顺开关控制单相异步电动机的接线图。KO3 系列倒顺开关技术参数见表 10.2。

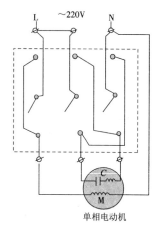

图 10.6　KO3 系列倒顺开关控制单相异步电动机接线

表 10.2　KO3 系列倒顺开关技术参数

参　数　　型　号		KO3-15	KO3-30	KO3-60
额定电压		380V		
额定发热电流		15A	30A	60A
额定工作电流		7A	12A	12A
可控制单相感应电动机功率	220V	1.7kW	3.4kW	3.4kW

3. HZ3-132 型倒顺开关接线

图 10.7 所示是 HZ3-132 型倒顺开关的外形,图 10.8 是它的控制线路图。

倒顺开关是应用较广的正反转控制器之一。它采用宽操作手柄,操作使用起来非常方便,倒顺开关上面有明显的"顺"、"停"、"倒"文字标志,清晰可见。

倒顺开关接线非常方便,三相电源接至 L_1、L_2、L_3 上,出线 U_1、V_1、W_1 接至电动机上即可。但需注意,倒顺开关外壳为金属制品,必须接地,以保证操作者使用安全。

正转工作:将倒顺开关扳至"顺"位置,开关内的 I 部分触点与静触点接通,此时 I_1 与 U_1、I_2 与 V_1、I_3 与 W_1 分别连接,电源相序未改变,电动机按正相序顺转运行。

图 10.7 HZ3-132 型倒顺开关

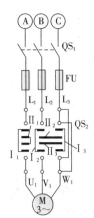

图 10.8 HZ3-132 型倒顺开关控制线路

反转工作：将倒顺开关扳至"倒"位置,开关内的 II 部分动触点与静触点接通,此时,II$_1$ 与 U$_1$、II$_2$ 与 W$_1$、II$_3$ 与 V$_1$ 分别连接,电源相序 B、C 两相颠倒变换了,电动机按反相序逆转运行,从而完成正、反转直接转换控制。HZ3-132 型倒顺开关触点通断见表 10.3。

表 10.3 HZ3-132 型倒顺开关触点通断

	正 转	停 止	反 转
L$_1$ - U$_1$	接 通		接 通
L$_2$ - W$_1$			接 通
L$_3$ - V$_1$			接 通
L$_2$ - V$_1$	接 通		
L$_3$ - W$_1$	接 通		

停止工作：只需将倒顺开关扳至"停"位置即可,此时,动触点与静触点分离,电动机断电停止工作。

使用倒顺开关时应注意以下几点：

① 倒顺开关内的绝缘护板以及外金属护罩未安装全时,不得操作倒顺开关,以免出现弧光短路造成事故。

② 在操作倒顺开关时,若改变电动机转向,不要扳得过急,最好先将倒顺开关扳至"停"位置片刻,待电动机转速降下来后,再扳至相反转向位

置,以免因电源突然反接,电动机定子绕组中产生大电流,造成电动机线圈过热而烧坏。

③ 使用时,不得强行硬扳,以免造成开关内部器件损坏。

④ 倒顺开关在使用过程中,倘若供电出现停电或故障时,电动机不转,应重新将倒顺开关及时扳至"停"位置,以免供电恢复后,电动机不受控制自行启动运转。

10.2 DTS607 三相四线电子式电能表接线

图 10.9 所示为 DTS607 三相四线电子式电能表的外形。

DST607 三相四线电子式电能表的接线方法如图 10.10 所示。

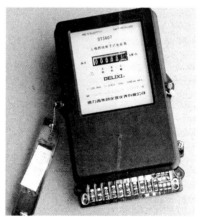

图 10.9 DTS607 三相四线电子式电能表的外形

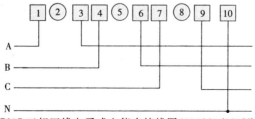

图 10.10 DTS607 三相四线电子式电能表接线图(3×220/380V≥×2.5(10)A)

10.3 DDS607 单相电子式电能表接线

DDS607 单相电子式电能表的外形如图 10.11 所示。

DDS607 单相电子式电能表的接线见表 10.4。

图 10.11 DDS607 单相电子式电能表的外形

表 10.4 DDS607 单相电子式电能表的接线方法

表　型	接线方法	注意事项
外形为黑色 PC 底壳表	P1 P2 1 ② 3 ④ 5 ⑥ 7 S− S+ 脉冲线 相线入——相线出 零线入——零线出	
外形为黑色胶体底座表	1 2 5/6 3 4 相线——相线 负载 零线——零线	5(−)6(＋)为脉冲检验输出端口
外形为 ABS 常规表	1 + 2 3 − 4 相线——相线 负载 零线——零线	(＋)(−)为脉冲检验输出端口

 **DDS1868 型电子式单相电能表接线**

DDS1868 型电子式单相电能表的外形如图 10.12 所示。

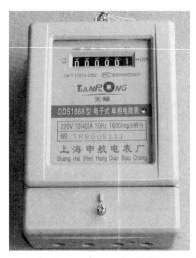

图 10.12　DDS1868 型电子式单相电能表外形

DDS1868 型电子式单相电能表的接线方法如图 10.13 所示。

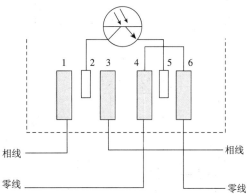

注：接线图为 2♯、5♯ 小接线端为检测脉冲输出端，在正常使用时严禁接电源线，
　　否则将损坏表内器件

图 10.13　DDS1868 型电子式单相电能表的接线图

10.5 交流电焊机接线

　　电焊机是焊接钢铁的主要设备。在焊接时,可根据焊接要求,通过调节电抗器的间隙来改变焊接电流的大小。

　　在起弧时,由于焊条与工件直接接触,电焊变压器次级处于短路状态,使次级电压快速下降至零,从而不会因电焊变压器电流过大而烧毁。其工作原理及外形如图 10.14 所示。

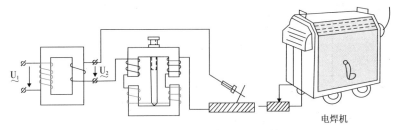

电焊机

图 10.14　电焊机工作原理图及外形

　　常用交流电焊机的一般接法用闸刀开关或空气断路器控制,如图 10.15 所示。当合上闸刀开关 QS 时,电焊机得电工作;当拉下闸刀开关 QS 时,电焊机停止工作。该线路是电焊机常用的最简单的一种接线线路。

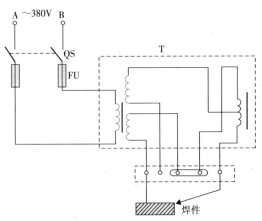

图 10.15　常用交流电焊机采用闸刀开关的具体接线方法

　　另外为了更安全方便地控制电焊机,可采用按钮开关控制交流接触器线圈,实现远距离操作,其接线方法如图 10.16 所示。工作时,合上闸刀开关 QS,按下启动按钮 SB_1,交流接触器 KM 线圈得电吸合且自锁,KM 主触点闭合,电焊机通电工作;欲停止则按下停止按钮 SB_2,交流接触器 KM 线圈断电释放,主触点断开,电焊机断电停止工作。

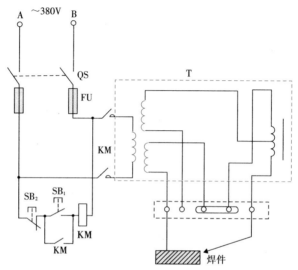

图 10.16　采用交流接触器控制电焊机的具体接线方法

BX1 型电焊机接线如图 10.17 所示。

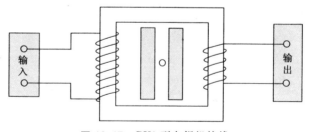

图 10.17　BX1 型电焊机接线

BX3 型电焊机接线如图 10.18 所示。
BX6 型电焊机接线如图 10.19 所示。

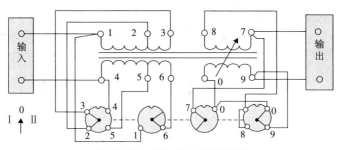

图 10.18 BX3 型电焊机接线

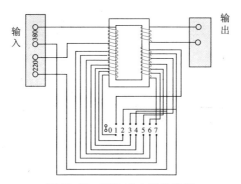

图 10.19 BX6 型电焊机接线

BX1 型电焊机技术参数见表 10.5。

表 10.5 **BX1 型电焊机技术参数**

型号	额定输入电压(V)	相数	额定焊接电流(A)	空载电压(V)	电流调节范围(A)	额定负载持续率(%)	输入功率(kV·A)
BX1-160-2	380/220	单	160	62	60~160	20	11.8
BX1-200-2	380/220	单	200	67	60~200	20	15.4
BX1-250-2	380	单	250	69	50~250	35	19.1
BX1-315-2	380	单	315	75	60~315	35	22.5
BX1-400-2	380	单	400	72	80~400	35	29.5
BX1-500-2	380	单	500	73	100~500	35	37
BX1-630-2	380	单	630	72	125~630	35	47.1

动铁式:输入电压为 220V 时,一次电流为每 kV·A×4.5A,若为 380V 时,每 kV·A×2.5A。

BX3 型电焊机技术参数见表 10.6。

表 10.6　BX3 型电焊机技术参数

型号	额定输入电压(V)	相数	额定焊接电流(A)	空载电压(V)	电流调节范围(A)	额定负载持续率(%)	输入功率(kV·A)
BX3-250-2	380	单	250	65～70	50～250	35	18.5
BX3-315-2	380	单	315	70～76	40～315	60	24.3
BX3-400-2	380	单	400	70～76	50～400	60	31
BX3-500-2	380	单	500	70～76	60～500	60	39
BX3-630-2	380	单	630	70～76	70～630	60	43

动圈式：输入电压单相 380V 时，一次电流为每 kV·A×2.5A。

BX6 型电焊机技术参数见表 10.7。

表 10.7　BX6 型电焊机技术参数

型号	额定输入电压(V)	相数	额定焊接电流(A)	空载电压(V)	电流调节范围(A)	额定负载持续率(%)	输入功率(kV·A)
BX6-125-2	380/220	单	125	52	60～125	20	7.5
BX6-140-2	380/220	单	140	52	60～140	20	8.3
BX6-160-2	380/220	单	160	52	80～160	20	10.1
BX6-200-2	380/220	单	200	55	90～200	20	12.7
BX6-250-2	380/220	单	250	55	120～250	20	17.9
BX6-300-2	380/220	单	300	60	125～300	20	27.3
BX6-500-2	380/220	单	500	66	125～500	35	34.2

抽头式：输入电压为 220V 时，一次电流为每 kV·A×4.5A，若为 380V 时，每 kV·A×2.5A。

10.6　用电接点压力表作水位控制接线

用电接点压力表(其外形见图 10.20)作水位控制，可有效防止由于金属电极表面氧化引起的导电不良，使晶体管液位控制器失控。

YX-150 型电接点压力表是由弹簧管、传动放大机构、刻度盘指针以及电接点部分所组成，接线图如图 10.21 所示。

图 10.20　电接点压力表外形

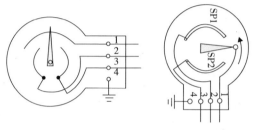

图 10.21　电接点压力表接线图

当管路中压力过低时（即低水位时），其下限电接点 SP_1 闭合，电动水泵补水，当水位升高至高水位时，压力达到预置的最高压力值，指针与 SP_2 闭合，电动水泵停止补水。当管路中压力降至下限时，SP_1 又闭合，电动水泵又开始补水，重复上述工作。其水位示意图如图 10.22 所示。

如图 10.23 所示，将电接点压力表安装在水箱底部附近，把电接点压力表的 3 根引线引出，接入此电路中。当开关 S 拨到"自动"位置

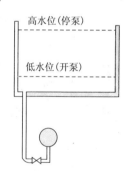

图 10.22　电接点压力表
水位示意图

时，如果水箱里面液面处于下限时，电接点动触点接通 K_1 继电器线圈电源，继电器 K_1 吸合，接触器 KM 得电动作，电动机水泵运转，向水箱供水。当水箱液面达到上限值时，电接点的动触点与 K_2 接通，K_2 线圈得电吸合，其常闭触点断开 KM 线圈回路，使电动机停转，停止注水。待水箱里的水面下降到下限时，K_1 再次吸合，接通接触器 KM 线圈电源，使水泵重新运转抽水，这样反复进行下去，达到自控水位的目的。如需人工操

作时,可将电路中开关 S 拨到"手动"位置,按下按钮 SB$_2$,启动水泵向水箱供水。按下按钮 SB$_1$,使水泵停止向水箱供水。

电路中,K$_1$、K$_2$ 继电器选用线圈电压为 380V 的 JZ7-44 型中间继电器,也可使用 CDC10 系列的交流接触器代替。

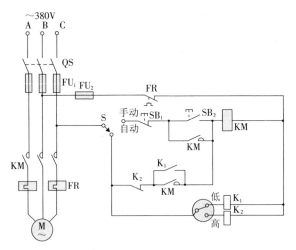

图 10.23　用电接点压力表作水位控制

10.7 采用 JYB 晶体管液位继电器的供排水控制电路接线

在很多场合,需要水泵向水塔供水;也有很多地方,需要潜水泵或水泵向外排水,完成无人值守自动控制。这时,通常采用 JYB-714 系列液位继电器来进行控制,它工作可靠,接线简单方便,具体接线如图 10.24 和图 10.25 所示。其主要技术参数见表 10.8。

特别提醒:因生产厂家不同,接线方式可能不同,使用者最好参照厂家说明书进行接线,以免造成不必要的损失。

JYB 晶体管液位继电器用在供水池的工作原理是:在低水位出现时,三只电极中的长短两只暴露在空气中呈现断路状态,晶体三极管 VT$_2$ 截止,VT$_3$ 饱和导通,小型灵敏继电器 K 线圈得电吸合动作,K 的控制触点控制外接交流接触器 KM 线圈得电工作,其 KM 三相主触点闭合,使水泵电动机运转打水。在水位未到达高水位位置时,由于短电极处于断路状态,那么晶体管 VT_2 集电极仍然有电流流过,小型灵敏继电器线圈仍会继续得电吸合工作,交流接触器 KM 线圈也同样吸合,水泵电动机不停继续打水。

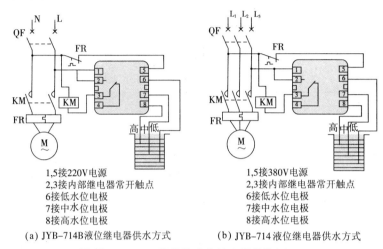

1,5接220V电源
2,3接内部继电器常开触点
6接低水位电极
7接中水位电极
8接高水位电极

(a) JYB-714B液位继电器供水方式

1,5接380V电源
2,3接内部继电器常开触点
6接低水位电极
7接中水位电极
8接高水位电极

(b) JYB-714 液位继电器供水方式

图 10.24 JYB晶体管液位继电器接线图(一)

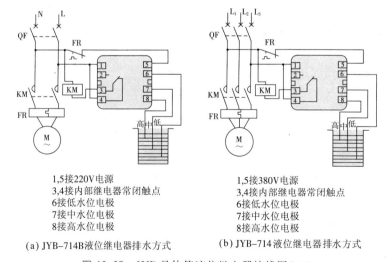

1,5接220V电源
3,4接内部继电器常闭触点
6接低水位电极
7接中水位电极
8接高水位电极

(a) JYB-714B液位继电器排水方式

1,5接380V电源
3,4接内部继电器常闭触点
6接低水位电极
7接中水位电极
8接高水位电极

(b) JYB-714 液位继电器排水方式

图 10.25 JYB晶体管液位继电器接线图(二)

当水位升高至高水位时,由于三个电极全部被水淹没而导通,此时晶体管 VT_2 饱和导通,VT_3 截止,小型灵敏继电器 K 线圈断电释放,其常开触点断开,切断了外接交流接触器 KM 线圈控制电源,从而使水泵电动机断电停止工作。

此控制器最大的优点是:只要简单改变接线方法,就可以很方便地改变其供水、排水方式,也就是说需要供水时,用 JYB 液位继电器 2、3 端子(常开触点)与外接交流接触器线圈串联控制;需要排水时,用 JYB 液位继电器 3、4 端子(常闭触点)与外接交流接触器线圈串联控制。其余端子接线完全一样,无需改变,请读者在实际应用中尝试一下。

表 10 8　JYB-714 电子式液位继电器主要技术参数

电源电压	AC:36V、48V、110V、220V、380V;(50/60Hz)　DC:24V
触点形式	触点数量:一组转换
触点容量	AC:220V 5A,　DC:220V 0.5A
控制电极电流	$50\mu A\pm10\%$
消耗功率	1V·A
使用类别	AC-15　U_e:SC220V　I_e:0.78A AC-13　U_e:SC220V　I_e:0.23A

10.8　断电限位器应用接线

断电限位器也称断火限位器,广泛应用在工矿的起重行车和电动葫芦上(图 10.26)。在行车升降时,限制最高位或最低位的极限。在接触器动、静触点熔焊在一起时,它也能起到保护限位作用。其外形和接线如图 10.27 所示。

断电限位器的工作原理是上下行程超过限位行程后,由导程器连杆推动断电限位器控制杆,使它向前或向后移动,从而将通入断电限位器里的三相电源线断开两根,迫使电动机停转。

使用断电限位器时应注意以下几点:

① 接线时,按照线路图连接进入的 5 根电源线后,再把电动机负荷线接在断电限位器的接线端子上。

② 在使用断电限位器时,要调整导程器的挡板,使行车的吊钩在上到最高位或最低位时都能正好撞击导程器动作(因挡板是固定在导程器

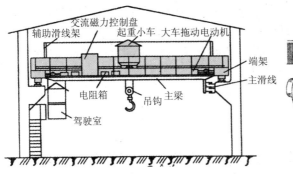

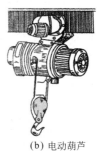

(a) 桥式起重行车的结构

(b) 电动葫芦

图 10.26 断电限位器的应用

(a) 断电限位器外形

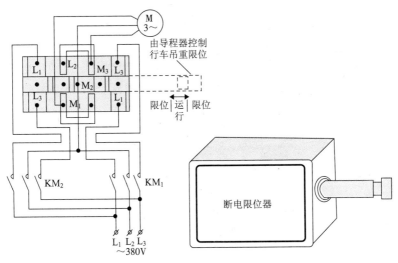

(b) 断电限位器的接线

图 10.27 断电限位器外形及接线

连杆上的），从而使导程器在上限或下限动作后，都能推动断电限位器连动杆，最后使断电限位器动作，断开电动机主电源。

③ 如果导程器在动作后电动机能够停转，但在换相后电动机却不能重新向反方向运转，说明断电限位器控制点接反了，可任意换接一下电动机三相电源线中的两根导线即可解决。

LX44 系列断电限位器技术参数见表 10.9。

表 10.9　**LX44 系列断电限位器技术参数**

型　号	LX44-10	LX44-20	LX44-40
额定工作电压（V）	AC380	AC380	AC380
额定工作电流（A）	10	20	40
可控制电动机最大功率（kW）	4.5	7.5	13
动作行程（mm）	6～8	8～10	1～14
超程	≤3	≤3	≤3

10.9 浪涌保护器(SPD)应用接线

目前，由雷电引起的线路过电压问题实在令人头痛，由此引发的故障损失巨大。为解决上述问题，人们想了很多方法，最有效的方法是在线路上加装浪涌保护器（其外形见图 10.28）。这样，当线路中出现过电压时，浪涌保护器动作，从而起到保护作用。浪涌保护器（SPD）应用接线如图 10.29 所示。

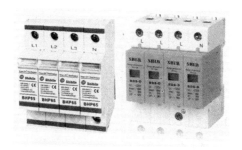

图 10.28　浪涌保护器

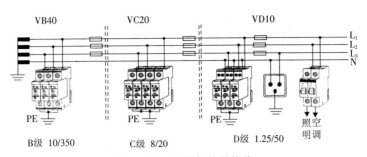

图 10.29 浪涌保护器接线

工作原理:在电路未出现过电压时,由于浪涌保护器内部采用非线性电子器件,所以保护器为高阻抗状态,只有在线路遭到雷击或电网电压过高时才出现过电压,该保护器应迅速导通(纳秒级),使线路中浪涌电流通过 PE 线泄放至大地,从而保护了电气设备免受过电压危害。倘若施加在浪涌保护器上的过电压消失后,此保护器又恢复到高阻抗状态,可继续作为线路保护,从而使电路正常工作。

通常采用 TH-35mm 导轨安装,装拆更换极为方便。当器件失效时,会及时显示出来,正常时为绿色,失效时为红色,以提醒及时更换。目前生产的浪涌保护器还附有故障遥控报警及声光报警等功能。

浪涌保护器主要技术参数见表 10.10。

表 10.10 浪涌保护器主要技术参数

(a)										
型 号	CDY1-10D			CDY1-20C			CDY1-30B		CDY1-50B	N-PE
极 数	1P,1P+NPE,2P,3P,3P+NPE,4P								1P	1P
标称放电电流 I_n (8/20μs)kA	10			20			30		50	10
										20
										30
最大放电电流 I_{max} (8/20μs)/kA	20			40			60		100	20
										40
										60
最大持续工作电压 U_c/V	320	385	420	320	385	420	385	420	385	420	255
保护水平 U_p/kV	<1.5	<1.8	<2.0	<1.5	<1.8	<2.0	<2.0	<2.5	<2.5	<3.0	<1.5
最大允许后备保险丝强度(A)	50			80			125		160	
漏电流 75%Uc,1mA	<20μA									

307

(a)

型　号	CDY1-10D	CDY1-20C	CDY1-30B	CDY1-50B	N-PE
响应时间（ns）	<25				<100
建议安装导线 截面积（mm²）	10～35				

(b)

型　号	SHNYM40□/20		SHNYM40□/40		SHNYM40□/65	
极　数	1P＋N、3P、3P＋N					
标称放电电流 I_n (8/20μs)kA	10		20		30	
最大放电电流 I_{max} (8/20μs)/kA	20		40		65	
最大持续工作电压 U_c/V	275	320	385	420	510	600
保护水平 U_p/kV	1.2	1.5	1.8	2.0	2.5	3.0
最大允许后备保险丝强度（A）						
漏电流 75%U_c,1mA						
响应时间(ns)	<25					
建议安装导线截面积（mm²）						

(c)

型　号	FDD1-50	FDD1-40	FDD1-30	FDD1-20	FDD1-10
极　数	1P、2P、3P、3P＋N				
标称放电电流 I_n(8/20μs)/kA	50	40	30	20	10
最大放电电流 I_{max}(8/20μs)/kA	100	80	60	40	20
最大持续工作电压 U_c/V	275/400　140/320　385/550				
保护水平 U_p/kV	1.5/2.2	1.5/2.2	1.5/2.0	1.5/2.0	1.2/1.8
最大允许后备保险丝强度/A					
漏电流 75%U_c/1mA	<1				
响应时间(ns)	<25				
建议安装导线截面积（mm²）					

系统防雷工程示意图见图 10.30。

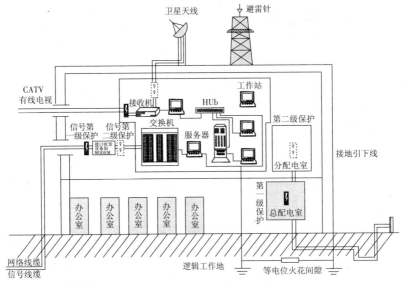

图 10.30 系统防雷工程示意图

CDY1 系列浪涌保护器外接线端示意图见图 10.31。

安装 TH-35mm 导轨见图 10.32。

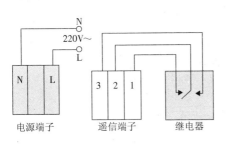

图 10.31 CDY1 型外接线端子图

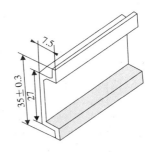

图 10.32 安装 TH-35mm 导轨

浪涌保护器在 TT、TN、IT 系统的应用如图 10.33~图 10.36 所示。

对于 TT 接地系统,采用浪涌保护器加气体放电器,如图 10.37 所示;对于 TN-C、TN-S、TN-C-S 接地系统,采用浪涌保护器,如图 10.38 所示。

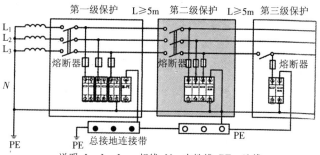

说明:L₁、L₂、L₃—相线;N—中性线;PE—地线

图 10.33　TT 系统浪涌保护器安装示意图

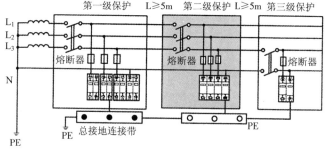

说明:L₁、L₂、L₃—相线;N—中性线;PE—地线

图 10.34　TN-S 系统浪涌保护器安装示意图

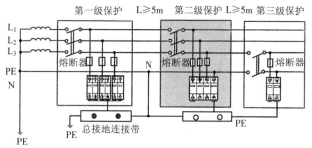

说明:L₁、L₂、L₃—相线;N—中性线;PE—地线

图 10.35　TN-C-S 系统浪涌保护器安装示意图

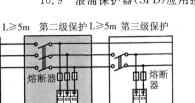

图 10.36 IT 系统浪涌保护器安装示意图

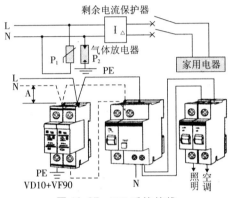

图 10.37 TT 系统接线

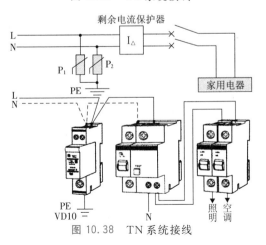

图 10.38 TN 系统接线

安装时应避免串联接地,如图 10.39 所示。

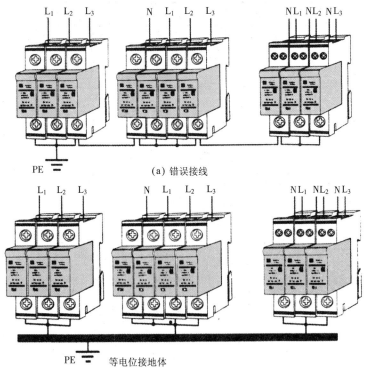

(a) 错误接线

(b) 正确接线

图 10.39

第**11**章

维修电工诊断故障
方法与步骤

11.1 维修电工诊断故障一般方法与步骤

◎ 11.1.1　根据故障现象进行分析

　　电工在维修电气设备时,出现的故障是多种多样的,有的电气故障虽然表现的现象不同,但是故障原因却相同,而有些故障现象虽然相同,但是故障原因却不同,这就需要维修电工人员透过表面现象看到本质,深入了解故障现象的表现形式,利用各种电气故障的基本依据,去查找出故障原因,并排除故障,使电气设备重新投入正常运转。

　　例如,电气设备的电动机不能正常运转。得知这一故障现象时,应考虑以下原因:

　　① 电动机电源是否正常?

　　② 电动机以前运行是否正常?

　　③ 电动机是否经过大修或保养后而不能运转?

　　④ 电动机负载是否过重或转轴卡死?

　　⑤ 电动机线圈是否绝缘接地?

　　⑥ 电动机线圈是否老化过热或绝缘损坏?

　　从以上不同的问题可以看出,导致电动机不能正常运转这一故障的原因虽然很多,但只要找到了导致这一故障的外在诱因,并进一步排查,就能很快找到故障原因了。

◎ 11.1.2　对电气故障原因进行合理分析和推理

　　根据故障现象分析推理故障原因,是查找排除故障的根本目的。推理故障原因除了要有根据当时的故障现象外,还必须要有一定的电工基本理论知识,了解电气装置的构造、原理、性能等知识。往往导致某一电气故障的原因是很多的,关键在于能在诸多原因中找到根本原因,并最终排除故障。电气设备的运行过程总可以分解成若干个连续的阶段,这些阶段就是电气设备的运行状态,比如电动机的工作过程可以分解为启动、运转、正转、反转、高速、低速、停止、制动等工作状态,电气故障总是发生于某一状态,而在这一状态中,各种电气元件又处于什么状态,这正是我们分析故障的重要依据。电动机启动时出现了故障,那么在启动时会有哪些电气元件工作,哪些触点闭合等,因而查找电动机启动故障时只要注意这些电气元件的工作状态就可以了。另外,电气图是用以描述电气设备的构成、原理、装配和使用维修信息的依据。分析电气故障必然要使用各类电气图,根据故障情况,从图样上进行分析,这就是根据电气设备的电路分析故障的方法。

电气图有原理图、结构图、系统图、接线图、位置图等。分析电气故障时,常常要对各种电气图进行分析,并且要掌握各种电气图之间的关系,如由接线图变换成电路图,由位置图变换成原理图等。

电气设备一般是由多个单元构成的,分解电气设备,将每一个单元具有的特定功能逐一剖析,往往会发现故障原因,并加以排除。

电路中任意闭合的路径称为回路。回路是构成电路的基本单元,分析电气故障,尤其是分析电路短路、断路故障,常常需要找出回路中元件、导线及其连接,以此确定故障的原因和部位,也会很快找到故障点。

11.1.3 电气故障部位的确定

确定电气故障部位也就是确定电气设备的故障点,是最终排除故障的关键,找出损坏元件并加以更换等,或找到线路断路位置或短路点等并加以相应处理。

有些电气故障可以通过直观检查进行判断,例如,需对电气设备在运转时外部(内部:停电情况下,并拆开设备)进行摸、看、闻、听等手段,直接感知故障设备异常的温升、振动、气味、响声等,确定设备的故障部位。

如果故障点很难查找,这就要借助各种仪器、仪表,对故障设备的电压、电流、功率、频率、阻抗、绝缘值、温度、振幅、转速等进行测量,以缩小范围来确定故障部位。

11.2 电源故障的诊断方法

电源一旦出现故障,整个电路系统就不能运转了,甚至会造成设备损坏,因此查找诊断电源故障是非常重要的。

单相电源故障主要表现在相线和中性线接错(接反)上,虽然有些时候相线和中性线接错不会影响设备的正常运行,但会严重影响人们的用电,或造成触电事故的发生。

查找单相电源的相线和中性线错接故障,首先要判别这种故障,其次要正确地找出相线和中性线。

● 11.2.1　判断电源相线与中性线接错方法

① 已经接地或接零的电气设备金属外壳有带电现象,可能是金属外壳接到相线上。

② 断开开关以后,电气设备两接线端子仍有电,那么可以断定相线和中性线接错了。

● 11.2.2　相线和中性线的识别方法

查找相线和中性线错接故障,必须正确地识别相线和中性线。识别的方法很多,大致可归纳为两大类:一是带电识别法,如用测电笔、万用表测量等;二是不带电识别法,主要是根据有关颜色、数字、符号标记等来识别。

① 用测电笔识别的方法,在带电情况下,用测电笔识别相线和中性线是最简单的方法,测电笔发亮的为相线,不亮的是中性线。

② 用万用表识别的方法,可以通过测量对地电压判别相线和中性线。首先选择一个接地良好的接地端,如接地线、金属自来水管等。然后用万用表的电压挡测量,一端接电源线,一端接地,由于三相四线制系统中,零线通常是接地的,因而电压挡指示接近为零者,所测的那根电源线便是零线,有电压指示的则为相线。

③ 不带电识别的方法,在不带电情况下,主要根据有关规程、规范的规定判别相线和零线。但这种判别只能作为参考,主要是根据导线的颜色判别,见表11.1。

表 11.1　相线和中性线的颜色

序号	类别		颜色	线识	备注
1	一般用途导线		红色	相线	
			黄色	相线	
			绿色	相线	
			浅蓝色	中性线	
2	保护接地中性线		绿-黄组合色	保护接地线、中性线	颜色组合 3∶7
3	多芯电缆	二芯	红色	相线	
			浅蓝色	中性线	
		三芯	红、黄、绿色	相线	
		四芯	红、黄、绿色	相线	
			浅蓝色	中性线	

11.2.3　三相电源故障的检修

正常的三相电源应该是三个线电压、三个相电压相等,相互之间互差 120°相位角,且符合一定的顺序,这样的三相电源称为对称三相电源。

在三相系统中,许多情况对电源相序都有严格的要求,如果相序接错,很可能会出现严重的电气设备故障。例如,导致三相电动机反转,甚至会导致变压器产生巨大的冲击环流,对电网和发电机产生巨大的破坏作用等。

三相电压不平衡是三相电源故障的主要方面,电压不平衡故障的主要表现形式有:电源变压器高压侧一相断电、低压一相或两相断电、三相电压不等。

查找三相电压不平衡故障可采用测电笔、万用表等进行测量。采用测电笔查找电源一相断电比较有效。如图 11.1 所示,分别用试电笔测试 L_1、L_2、L_3 三相,无指示者为断电相。但这种测试方法,必须将负载切除,如图 11.1(b)中所示。如果负载未切除,L_1、L_2 相电位通过负载反馈到 L_3 相,因而在 L_3 相测电笔仍然发亮。因此,不断开负载,容易造成错误判断。

对于一般的三相电压不平衡故障,用测电笔测试是不准的,但当电压严重不平衡时,从测电笔亮暗程度可大致区别各相电压的高低。

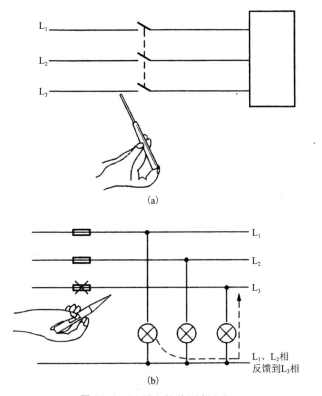

图 11.1　用测电笔检测断电相

　　用万用表电压挡可准确地测试三相电压不平衡程度。测量的方法是,断开负载,首先将万用表调至交流(AC)"500V"位置,按图 11.2 所示分别测量 L_1、L_2 相电为 380V,L_1、L_3 也为 380V,L_2、L_3 同时也应为380V,这样电源电压才能正常工作。

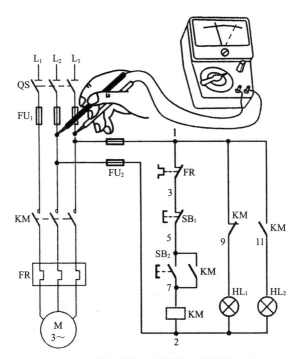

图 11.2　用万用表电压挡测电源相线电压

11.3 电路故障的诊断方法

电路故障是指在一个电路内除了电源和元件本身故障以外的,使电路不能正常工作的其他一切故障。或者说,对某一个装置,假定电源是正常的,所有的组成元件都是良好的,但整个装置却不能正常工作,这样的故障就是电路故障。所以,电路故障也是整体方面的故障,包括接线方式、电接触、电路参数配合等方面。

◎ 11.3.1 电路故障的基本类型

电路故障大致可分为以下几类:

① 断路故障,电路断路故障是指电路某一回路非正常断开,使电流不能在回路中流通的故障。如断路、电路接触不良等。

② 短路和短接故障,电路中不同电位的两点被导体短接起来,造成电路不能正常工作的故障,称为短路故障,某些情况下也称为短接故障。

③ 接地故障,电路中某点非正常接地所形成的故障,称为接地故障。接地故障有单相接地故障,两相或三相接地故障。对于中性点接地系统的单相接地,实际上构成了单相短路故障。对于中性点不接地的单相接地,将使三相对地电压发生严重变化,从而造成电气绝缘击穿故障等。

④ 连接故障,任何电路都是将各元件按照一定的顺序连接起来的。在许多情况下,如果这种顺序被打乱,或者将电路中的一些控制元件漏接或多接,都将使电路不能正常工作,这种故障称为电路连接故障。

⑤ 极性故障,直流电路有正极、负极,交流电路有同名端、非同名端。在许多情况下,如果正负极接反,同名端接错,将造成电气设备不能正常工作的电路故障,称为极性故障等。

◎ 11.3.2 查找电路故障的一般方法

根据电路故障的特点和不同的表现形式,查找电路故障通常有以下一些方法:

① 回路分割法,一个复杂的电路总是由若干回路构成的,电气故障也总是发生在某个或某几个回路中,因而将回路分割,实际上简化了电路,缩小了故障查找范围。回路就是闭合的电路,它通常应包括电源和负载。

② 回路状态分析法,通常回路只有两种工作状态:接通状态和断开状态。只有当回路中所有的触点都闭合,连接线无断点,工作元件正常,回路才能处于接通状态;只要回路中有一个断点,回路就处于断开状态。

③ 阻抗分析法,任何电路在正常状态和故障状态下呈现出不同的阻抗,即不同的阻抗状态。如低阻抗(负载阻抗)状态、高阻抗(开路)状态,0阻抗状态。阻抗状态从另一个侧面反映了电路的故障情况。例如,一般负载(如照明、电动机)电路,正常情况下均处于低阻抗状态,如果为0阻抗状态,则是短路故障。但有些电路,如电流互感器电路,正常时应为0阻抗状态,低阻抗和高阻抗状态均为故障状态。

④ 电位分析法,在不同的状态下,电路中各点具有不同的电位分布,因此可以通过测量和分析电路中某些点的电位及其分布,确定电路故障的类型和部位。

11.3.3 断路故障的诊断方法

断路是指线路断开或接触不良,电流不能形成回路。如果单相电路发生断路故障,负载不能工作。如果三相电路发生断路,三相电源断相,对三相用电设备将造成严重后果。如果三相四线制供电线路的零线断路,将导致三相负载不平衡,负载大的一相相电压降低,负载小的一相相电压增高,这时如果负载是白炽灯,则会出现一相灯光暗淡,另一相上的灯则变得很亮,同时中性线断开,负载侧将出现对地电压等故障现象。

断路故障的诊断方法如下:① 万用表检查法,主电路断路故障的查找。首先确定故障元件,如图 11.3 所示,从三相电源向负载侧依次测量各元件进线端和出线端的电压,通过测得的电压来判断各元件、连接导线是否正常。例如,测得闸刀开关 QS 的进线端三相电压正常,而 QS 的出线端三相电压不正常,则表明开关 QS 的某触刀与触刀座接触不良或损坏。这时就可以查找故障点了,若测得 L_1、L_2 两点之间的电压正常,而 U_{11}、V_{11} 两点间的电压不正常,这时可测量 U_{11}、L_2 两点间

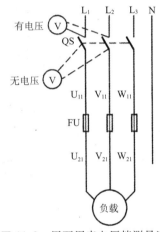

图 11.3 用万用表电压挡测量法
检查主电路断路故障法

的电压,若电压正常,则表明闸刀开关 L_2 相的触刀与触刀座接触不良。

② 控制回路断路故障的查找。控制回路断路时,各降压元件不再有电压降,电源电压全部加在断路点两端,所以可用万用表电压挡测量电压判断断路故障点,如图 11.4 所示。首先测量 1~2 两标号点间的电压,判断电源和熔断器 FU 是否正常。若 1-2 间无 220V 电压,则表明熔断器熔断;若 1-2 间有 220V 电压,可把万用表一支表笔固定于标号点 2,按下按钮 SB_3,另一支表笔逐个测量控制电路中各触点间的电压,正常时除线圈 KM 两端(2-9)有 220V 电压外,其余相邻各点间的电压均应为"0",否则视为断路或接触不良。例如,测得 5-7 两点间的电压为 220V,则表明按钮 SB_2 或其两端连线为断路故障点。

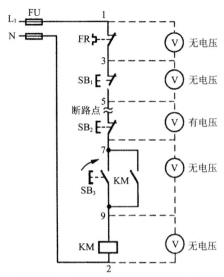

图 11.4　用万用表电压挡测量法检查控制电路断路故障法

科 学 出 版 社

科龙图书读者意见反馈表

书　　名：_____

个人资料

姓　　名：_____　年　　龄：_____　联系电话：_____

专　　业：_____　学　　历：_____　所从事行业：_____

通信地址：_____　邮　　编：_____

E-mail：_____

宝贵意见

◆ 您能接受的此类图书的定价

　　20 元以内☐　30 元以内☐　50 元以内☐　100 元以内☐　均可接受☐

◆ 您购本书的主要原因有(可多选)

　　学习参考☐　教材☐　业务需要☐　其他_____

◆ 您认为本书需要改进的地方(或者您未来的需要)

_____

_____

◆ 您读过的好书(或者对您有帮助的图书)

_____

_____

◆ 您希望看到哪些方面的新图书

_____

_____

◆ 您对我社的其他建议

_____

_____

> 　　谢谢您关注本书！您的建议和意见将成为我们进一步提高工作的重要参考。我社承诺对读者信息予以保密，仅用于图书质量改进和向读者快递新书信息工作。对于已经购买我社图书并回执本"科龙图书读者意见反馈表"的读者，我们将为您建立服务档案，并定期给您发送我社的出版资讯或目录；同时将定期抽取幸运读者，赠送我社出版的新书。如果您发现本书的内容有个别错误或纰漏，烦请另附勘误表。

回执地址：北京市朝阳区华严北里 11 号楼 3 层

　　　　　　科学出版社东方科龙图文有限公司电工电子编辑部(收)

　　　　　　邮编：100029